走进生命科学丛书
ZOUJIN SHENGMING
KEXUE CONGSHU

神奇的仿生学

本书编写组 ◎ 编

世界图书出版公司
广州·北京·上海·西安

图书在版编目（CIP）数据

神奇的仿生学／《神奇的仿生学》编写组编．—广州：广东世界图书出版公司，2010.4（2024.2重印）
ISBN 978-7-5100-2184-8

Ⅰ.①神… Ⅱ.①神… Ⅲ.①仿生学－青少年读物 Ⅳ.①Q811-49

中国版本图书馆 CIP 数据核字（2010）第 070755 号

书　　名	神奇的仿生学 SHENQI DE FANGSHENGXUE
编　　者	《神奇的仿生学》编写组
责任编辑	韩海霞
装帧设计	三棵树设计工作组
出版发行	世界图书出版有限公司　世界图书出版广东有限公司
地　　址	广州市海珠区新港西路大江冲 25 号
邮　　编	510300
电　　话	020-84452179
网　　址	http://www.gdst.com.cn
邮　　箱	wpc_gdst@163.com
经　　销	新华书店
印　　刷	唐山富达印务有限公司
开　　本	787mm×1092mm　1/16
印　　张	10
字　　数	120 千字
版　　次	2010 年 4 月第 1 版　2024 年 2 月第 12 次印刷
国际书号	ISBN 978-7-5100-2184-8
定　　价	48.00 元

版权所有　翻印必究

（如有印装错误，请与出版社联系）

前 言
PREFACE

  随着生产的需要和科学技术的发展，从20世纪50年代以来，人们已经认识到生物系统是开辟新技术的主要途径之一，自觉地把生物界作为各种技术思想、设计原理和创造发明的源泉。人们用化学、物理学、数学以及技术模型对生物系统开展着深入的研究，促进了仿生学的极大发展，对生物体内功能机理的研究也取得了迅速的进展。此时模拟生物不再是引人入胜的幻想，而成了可以做到的事实。生物学家和工程师们积极合作，开始将从生物界获得的知识用来改善旧的或创造新的工程技术设备。仿生开始跨入各行各业技术革新和技术革命的行列，而且首先在自动控制、航空、航海等军事部门取得了成功。于是生物学和工程技术学科结合在一起，互相渗透孕育出一门新生的学科——仿生学。

  仿生学作为一门独立的学科，于1960年9月正式诞生。由美国空军航空局在俄亥俄州的空军基地戴通召开了第一次仿生学会议。会议讨论的中心议题是"分析生物系统所得到的概念能够用到人工制造的信息加工系统的设计上去吗？"斯梯尔为新兴的科学命名为"Bionics"，希腊文的意思代表着研究生命系统功能的科学，1963年我国将"Bionics"译为"仿生学"。斯梯尔把仿生学定义为"模仿生物原理来建造技术系统，或者使人造技术系统具有或类似于生物特征的科学"。

  简言之，仿生学就是模仿生物的科学。确切地说，仿生学是研究生物系统的结构、特质、功能、能量转换、信息控制等各种优异的特征，并把它们应用到技术系统，改善已有的技术工程设备，并创造出新的工艺过程、建筑构型、自动化装置等技术系统的综合性科学。从生物学的角度来说，仿生学属于"应用生物学"的一个分支；从工程技术方面来看，仿生学根据对生物系统的研究，为设计和建造新的技术设备提供了新原理、新方法和新途径。仿生学的光荣使命就是为人类提供最可靠、最灵活、最高效、最经济的接近于生物系统的技术系统，为人类造福。

目 录

认识仿生学

仿生学发展之路 …………………………………………… 1
仿生技术溯源 ……………………………………………… 4
生物给科技的启示 ………………………………………… 7
仿生学研究什么 …………………………………………… 9

仿生学与力学

飞翔的梦想 ………………………………………………… 12
像鲸鱼一样潜水 …………………………………………… 16
像海豚一样在水中自由穿梭 ……………………………… 17
静体力学与细胞组织 ……………………………………… 18
鲫鱼吸盘的启示 …………………………………………… 19
乌贼的前进方式 …………………………………………… 20
为什么啄木鸟不会脑震荡 ………………………………… 21

仿生学与化学

动物的化学通信 …………………………………………… 24
海洋生物的淡化能力 ……………………………………… 26
萤火虫的冷光源 …………………………………………… 29

人造蚕丝——人造丝 ················· 31
性是刮骨刀 ······················· 33
气味掩盖的陷阱 ··················· 35
植物体内的反应堆 ················· 36
动物体内的化学室 ················· 37
生物膜的启示 ····················· 39
生物体内的化学反应 ··············· 40
化学仿生的未来 ··················· 44

仿生学与定位

动物的远程导航仪 ················· 45
昆虫的隐身技术 ··················· 47
昆虫翅膀的启示 ··················· 49
夜蛾的法宝 ······················· 49
响尾蛇的跟踪术 ··················· 51
神眼的秘密 ······················· 53
蝙蝠的探路技术 ··················· 58
海豚的探测技术 ··················· 60
竖起来的耳朵 ····················· 61

仿生与信息控制

味道接收器的启示 ················· 63
动物的温度启示 ··················· 66
动物体内有个钟 ··················· 68
苍蝇的复眼 ······················· 69
蛙眼的跟踪技术 ··················· 71
来源于海洋生命的灵感 ············· 72
模拟狗鼻子的电子警犬 ············· 74

奇妙的生物电 ·················· 75
黑夜里的眼睛 ·················· 77

仿生与建筑

动物的散热启示 ················ 83
坚固的蛋壳 ···················· 84
植物是个建筑师 ················ 86
蜂窝的启迪 ···················· 86
王莲带来的灵感 ················ 88
蜘蛛的悬索 ···················· 89
植物的气孔与充气结构 ·········· 90
钢筋混凝土的老师 ·············· 90
拱形的力量 ···················· 92
蜗牛壳与复合陶瓷 ·············· 93

仿生与动力学

能量转换的秘密 ················ 95
生物体内的发电厂 ·············· 97
向企鹅学习滑雪 ················ 100
小蚂蚁的爆发力 ················ 100
给步枪安装眼睛 ················ 102
有神经的电脑 ·················· 103
向动物学习体育竞技 ············ 105

仿生与机械

灵活的人造手 ·················· 109
仿生机械学的方向 ·············· 111
生物对工程结构的启示 ·········· 113

像动物那样行走 …………………………………… 114
灵活实用的爪子 …………………………………… 116
肌肉的秘密 ………………………………………… 117
龙虾的眼睛与天文望远镜 ………………………… 118
尺蠖对坦克的启示 ………………………………… 120
模仿人的机器人 …………………………………… 121
飞鸟与冷兵器 ……………………………………… 122
钻头技术的灵感来源 ……………………………… 123
模仿蜘蛛的智能机械 ……………………………… 125
小麦秆大启示 ……………………………………… 126

未来仿生之路

微生物带来的广阔前景 …………………………… 128
生物医学将成为疾病克星 ………………………… 131
未来的研究热点——人脑与人工智能 …………… 136
破解生命的密码 …………………………………… 147
开发人类的潜能 …………………………………… 151

认识仿生学
RENSHI FANGSHENGXUE

自然界形形色色的生物，都有着怎样的奇异本领？它们的种种本领，给了人类哪些启发？模仿这些本领，人类又可以造出什么样的机器？这里要介绍的一门新兴学科——仿生学。

仿生学是指模仿生物建造技术装置的科学，它是在20世纪中期才出现的一门新的边缘科学。仿生学研究生物体的结构、功能和工作原理，并将这些原理移植于工程技术之中，发明性能优越的仪器、装置和机器，创造新技术。从仿生学的诞生、发展，到现在短短几十年的时间内，它的研究成果已经非常可观。仿生学的问世开辟了独特的技术发展道路，也就是向生物界索取蓝图的道路，它大大开阔了人们的眼界，显示了极强的生命力。

■ 仿生学发展之路

古时候，人们看到鸟类在空中自由翱翔，便幻想也能飞上天去。意大利文艺复兴时的艺术大师达·芬奇就发挥他那富于想象的天才，模仿飞鸟制造了人类第一个"飞翼"。后来，在鸟类和蜻蜓的启发下，制造出了飞机。鱼类在水中往来自如，令人羡慕。在鱼类的启发下，人们造出了船舰。乌贼和章鱼在受到敌害的威胁时，为了迷惑敌人，达到逃命的目的，能向水中喷出一股墨汁，制造浓重的烟幕。在这种启发下，人们造出了烟幕弹。

在20世纪60年代初期，生物科学和技术科学共同孕育的一门边缘学科诞生了，这就是仿生学。1960年，美国召开了第一届仿生学讨论会，当时，人们倾注了许多笔墨谈论这门新兴学科和光辉前景。仿生学一问世，人们就期待它大显身手，去揭示比现代工程技术更完善、更灵巧、更经济的大自然产物的奥秘，并到大自然的"专利文献馆"中去发现解决工程技术问题的新思想、新方法和新手段。随着时间的推移，今天仿生学已经从描述性阶段进入到实质性工程性阶段，它的研究范围已扩大到神经仿生、感觉仿生、分析仿生、定向仿生、生物力学仿生和生物动力仿生等方面，并取得了不少研究成果。这个发展过程，是现今仿生学最显著的特点。

说仿生学只是现在才进入到工程技术的实践之中，那是因为人们在很长一段时间内，对生物与工程的共同处缺乏明确的认识。生物学家只研究生物体的结构和功能，没有想到把它们的研究成果用来帮助工程设计，而工程技术人员也不了解生物系统是各种工程技术设计思想的源泉。只是随着科学技术的发展和生产的需要，人们才开始认识到，生物学所描述的生物结构和功能有可能用于工程技术之中。而现在，这种认识变成了实践。这也就是说，今天的科学技术已发展到创造仿生系统。在这方面，仿生建筑学的漫长发展史是很有教育意义的。古希腊哲学家德谟克利特说过，在住宅建筑方面，我们是燕子的学生。瞧那古代东方的教堂，很像匀称的松树。古代的建筑师自觉不自觉地模仿自然界的形状，但他们不了解，自然界不只是匀称和谐，而且结构合乎理想：经济、简单。

1889年巴黎建造的、象征19世纪技术成就的埃菲尔铁塔，体现了胫骨的构造。尽管建筑工程师埃菲尔在设计这座铁塔时并未想到去模仿胫骨，制造钢筋混凝土管的工程师们也是这样，他们未曾想到其制品的结构同毛杆草茎的结构是一样的。这都是偶然巧合吗？不，人们懂得材料力学，而自然界正是按照材料力学的规律形成的。由此可以得出这样的结论：既然我们能够认识生物机体的结构，那就让我们去仿造它。比方说，蛋壳、贝壳和甲壳虽然很薄，但由于具有弯曲的表面，因而能承受很大的压力，于是我们就模仿它们，设计建造壳结构的屋顶。人们只要学会用"同事"的眼光去看待大自然，就能得到大自然的启示，在大自然中发现从前没有发现的许多东西。

埃菲尔知道人骨坚固，但他没有想到运用人骨的结构。可是，美国数学家和设计师列·雷科勒注意观察了骨骼，发现骨骼能经受10倍于自重的负

认识仿生学

荷。模仿骨骼结构,就奠定了硬质多孔的大型骨骼架结构基础。这种结构的前途是无限的……

仿生学在现阶段还有另一个特点,那就是:在仿造生物系统时,仿造的不只是结构,而且还模仿生物体的奇妙功能。仿生学是一门年轻的学科。

作为独立的学科,它今年只有52岁。1960年,当"仿生学"这个名称正式提出时,并不被重视,甚至受到过种种嘲讽和打击。然而,新生事物的生命力最强。这门科学终于冲破重重阻力,蓬勃发展起来了。

苍蝇,是细菌的传播者,谁都讨厌它。可是苍蝇的楫翅(又叫平衡棒)是"天然导航仪",人们模仿它制成了"振动陀螺仪"。这种仪器目前已经应用在火箭和高速飞机上,实现了自动驾驶。苍蝇的眼睛是一种"复眼",由3000多只小眼组成,人们模仿它制成了"蝇眼透镜"。"蝇眼透镜"是用几百或者几千块小透镜整齐排列组合而成的,用它作镜头可以制成"蝇眼照相机",一次就能照出千百张相同的相片。这种照相机已经用于印刷制版和大量复制电子计算机的微小电路,大大提高了工作效率和质量。"蝇眼透镜"是一种新型光学元件,它的用途很多。

从仿生学的诞生、发展,到现在短短几十年的时间内,它的研究成果已经非常可观。仿生学的问世开辟了独特的技术发展道路,也就是向生物界索取蓝图的道路,它大大开阔了人们的眼界,显示了极强的生命力。

达·芬奇与飞机

达·芬奇在15世纪70年代发明的飞机,被称作"扑翼飞机"。说它扑翼,是因为它模仿鸟儿、蝙蝠和恐龙中的翼龙,用两个翅膀扑闪着,试图升空。达·芬奇在飞机上的探索也做了很多年,研究了很多物理学原理,画了很多张图纸,从理论上讲,扑翼飞机既具备推力,又具备提升力,是能够飞起来的。但后来很多人模仿达·芬奇设计的飞机,也都是上下忽闪了几下,最后摔成了碎片。

仿生技术溯源

自古以来,自然界就是人类各种技术思想、工程原理及重大发明的源泉。种类繁多的生物经过长期的进化过程,使它们能适应环境的变化,从而得到生存和发展。劳动创造了人类。人类以自己直立的身躯、能劳动的双手、交流情感和思想的语言,在长期的生产实践中,促进了神经系统尤其是大脑获得了高度发展。

因此,人类无与伦比的能力和智慧远远超过生物界的所有类群。人类通过劳动运用聪明的才智和灵巧的双手制造工具,从而在自然界里获得更大自由。人类的智慧不仅仅停留在观察和认识生物界上,而且还运用人类所独有的思维和设计能力模仿生物,通过创造性的劳动增加自己的本领。鱼儿在水中有自由来去的本领,人们就模仿鱼类的形体造船,以木桨仿鳍。相传早在大禹时期,我国古代劳动人民观察鱼在水中用尾巴的摇摆而游动、转弯,他们就在船尾上架置木桨。通过反复的观察、模仿和实践,逐渐改成橹和舵,增加了船的动力,掌握了使船转弯的手段。这样,即使在波涛滚滚的江河中,人们也能让船只航行自如。

鸟儿展翅可在空中自由飞翔。据《韩非子》记载,鲁班用竹木作鸟"成而飞之,三日不下"。然而人们更希望仿制鸟儿的双翅使自己也飞翔在空中。

早在400多年前,意大利人利奥那多·达·芬奇和他的助手对鸟类进行仔细的解剖,研究鸟的身体结构并认真观察鸟类的飞行,设计和制造了一架扑翼机,这是世界上第一架人造飞行器。

以上这些模仿生物构造和功能的发明与尝试,可以认为是人类仿生的先驱,也是仿生学的萌芽。

人类仿生的行为虽然早有雏形,但是在20世纪40年代以前,人们并没有自觉地把生物作为设计思想和创造发明的源泉。科学家对于生物学的研究也只停留在描述生物体精巧的结构和完美的功能上。而工程技术人员更多地依赖于他们卓越的智慧,辛辛苦苦的努力,进行着人工发明,他们很少有意识地向生物界学习。但是,以下几个事实可以说明:人们在技术上遇到的某些难题,生物界早在千百万年前就曾出现,而且在进化过程中就已解决了,然而人类却没有从生物界得到应有的启示。

认识仿生学

在第一次世界大战时期，出于军事上的需要，为使舰艇在水下隐蔽航行而制造出潜水艇。当工程技术人员在设计原始的潜艇时，是先用石块或铅块装在潜艇上使它下沉，如果需要升至水面，就将携带的石块或铅块扔掉，使艇身回到水面来。以后经过改进，在潜艇上采用浮箱交替充水和排水的方法来改变潜艇的重量。以后又改成压载水舱，在水舱的上部设放气阀，下面设注水阀，当水舱灌满海水时，艇身重量增加可使它潜入水中。需要紧急下潜时，还有速潜水舱，待艇身潜入水中后，再把速潜水舱内的海水排出。如果一部分压载水舱充水，另一部分空着，潜水艇可处于半潜状态。潜艇要起浮时，将压缩空气通入水舱排出海水，艇内海水重量减轻后潜艇就可以上浮。

如此优越的机械装置实现了潜艇的自由沉浮。但是后来发现鱼类的沉浮系统比人们的发明要简单得多，鱼的沉浮系统仅仅是充气的鱼鳔。鳔内不受肌肉的控制，而是依靠分泌氧气进入鳔内或是重新吸收鳔内一部分氧气来调节鱼鳔中气体含量，促使鱼体自由沉浮。然而鱼类如此巧妙的沉浮系统，对于潜艇设计师的启发和帮助已经为时过迟了。

声音是人们生活中不可缺少的要素。通过语言，人们交流思想和感情，优美的音乐使人们获得艺术的享受，工程技术人员还把声学系统应用在工业生产和军事技术中，成为颇为重要的信息之一。自从潜水艇问世以来，随之而来的就是水面的舰船如何发现潜艇的位置以防偷袭；而潜艇沉入水中后，也须准确测定敌船方位和距离以利攻击。因此，在第一次世界大战期间，在海洋上，水面与水中敌对双方的斗争采用了各种手段。海军工程师们也利用声学系统作为一个重要的侦察手段。首先采用的是水听器，也称噪声测向仪，通过听测敌舰航行中所发出的噪声来发现敌舰。只要周围水域中有敌舰在航行，机器与螺旋桨推进器便发出噪声，通过水听器就能听到，能及时发现敌人。但那时的水听器很不完善，一般只能收到本身舰只的噪声，要侦听敌舰，必须减慢舰只航行速度甚至完全停下来才能分辨潜艇的噪音，这样很不利于战斗行动。

不久，法国科学家郎之万研究成功利用超声波反射的性质来探测水下舰艇。用一个超声波发生器，向水中发出超声波后，如果遇到目标便反射回来，由接收器收到。根据接收回波的时间间隔和方位，便可测出目标的方位和距离，这就是所谓的声呐系统。人造声呐系统的发明及在侦察敌方潜水艇方面获得的突出成果，曾使人们为之惊叹不已。岂不知远在地球上出现人类之前，蝙蝠、海豚早已对"回声定位"声呐系统应用自如了。

生物在漫长的年代里就是生活在被声音包围的自然界中，它们利用声音寻食、逃避敌害和求偶繁殖。因此，声音是生物赖以生存的一种重要信息。

意大利人斯帕兰赞尼很早以前就发现蝙蝠能在完全黑暗中任意飞行，既能躲避障碍物也能捕食在飞行中的昆虫，但是堵塞蝙蝠的双耳后，它们在黑暗中就寸步难行了。面对这些事实，帕兰赞尼提出了一个使人们难以接受的结论：蝙蝠能用耳朵"看东西"。第一次世界大战结束后，1920年哈台认为蝙蝠发出声音信号的频率超出人耳的听觉范围，并提出蝙蝠对目标的定位方法与第一次世界大战时郎之万发明的用超声波回波定位的方法相同。遗憾的是，哈台的提示并未引起人们的重视，而工程师们对于蝙蝠具有"回声定位"的技术是难以相信的。直到1983年采用了电子测量器，才完完全全证实蝙蝠就是以发出超声波来定位的，但是这对于早期雷达和声呐的发明已经不能有所帮助了。

另一个事例是人们对于昆虫行为为时过晚的研究。在利奥那多·达·芬奇研究鸟类飞行造出第一个飞行器400年之后，人们经过长期反复的实践，终于在1903年发明了飞机，使人类实现了飞上天空的梦想。由于不断改进，30年后人们的飞机不论在速度、高度和飞行距离上都超过了鸟类，显示了人类的智慧和才能。但是在继续研制飞行更快更高的飞机时，设计师又碰到了一个难题，就是气体动力学中的颤振现象。当飞机飞行时，机翼发生有害的振动，飞行越快，机翼的颤振越强烈，甚至使机翼折断，造成飞机坠落，许多试飞的飞行员因而丧生。飞机设计师们为此花费了巨大的精力研究消除有害的颤振现象，经过长时间的努力才找到解决这一难题的方法：就是在机翼前缘的远端上安放一个加重装置，这样就把有害的振动消除了。

可是，昆虫早在3亿年以前就飞翔在空中了，它们也毫不例外地受到颤振的危害，经过长期的进化，昆虫早已成功地获得防止颤振的方法。生物学家在研究蜻蜓翅膀时，发现在每个翅膀前缘的上方都有一块深色的角质加厚区——翼眼或称翅痣。如果把翼眼去掉，飞行就变得荡来荡去。实验证明正是翼眼的角质组织使蜻蜓飞行的翅膀消除了颤振的危害，这与设计师高超的发明何等相似。假如设计师们先向昆虫学习翼眼的功用，获得有益于解决颤振的设计思想，就可以避免长期的探索和人员的牺牲了。面对蜻蜓翅膀的翼眼，飞机设计师大有相见恨晚之感！

以上这三个事例发人深省，也使人们受到了很大启发。早在地球上出现人类之前，各种生物已在大自然中生活了亿万年，在它们为生存而斗争的长

期进化中,获得了与大自然相适应的能力。生物学的研究可以说明,生物在进化过程中形成的极其精确和完善的机制,使它们具备了适应内外环境变化的能力。生物界具有许多卓有成效的本领,如体内的生物合成、能量转换、信息的接受和传递、对外界的识别、导航、定向计算和综合等,显示出许多机器所不可比拟的优越之处。生物的小巧、灵敏、快速、高效、可靠和抗干扰性实在令人惊叹不已。

潜水艇

潜艇是一种能潜入水下活动和作战的舰艇,也称潜水艇,是海军的主要舰种之一。潜艇在战斗中的主要作用是:对陆上战略目标实施核袭击,摧毁敌方军事、政治、经济中心;消灭运输舰船、破坏敌方海上交通线;攻击大中型水面舰艇和潜艇;执行布雷、侦察、救援和遣送特种人员登陆等。

18世纪70年代,美国人D.布什内尔建成1艘单人操纵的木壳艇"海龟"号,通过脚踏阀门向水舱注水,可使艇潜至水下6米,能在水下停留约30分钟。艇上装有两个手摇曲柄螺旋桨,使艇获得3节左右的速度和操纵艇的升降。艇内有手操压力水泵,排出水舱内的水,使艇上浮。艇外携一个能用定时引信引爆的炸药包,可在艇内操纵系放于敌舰底部。1776年9月,"海龟"号潜艇偷袭停泊在纽约港的英国军舰"鹰"号,虽未获成功,但开创了潜艇首次袭击军舰的尝试。

生物给科技的启示

自从瓦特在1782年发明蒸汽机以后,人们在生产斗争中获得了强大的动力。在工业技术方面基本上解决了能量的转换、控制和利用等问题,从而引起了第一次工业革命,各式各样的机器如雨后春笋般的出现,工业技术的发展极大地扩大和增强了人的体能,使人们从繁重的体力劳动解脱出来。随着技术的发展,人们在蒸汽机以后又经历了电气时代并向自动化时代迈进。

20世纪40年代电子计算机的问世,更是给人类科学技术的宝库增添了可贵的财富，它以可靠和高效的本领处理着人们手头上数以万计的各种信息，使人们从汪洋大海般的数字、信息中解放出来，使用计算机和自动装置可以使人们在繁杂的生产工序面前变得轻松省力，它们准确地调整、控制着生产程序，使产品规格精确。

但是，自动控制装置是按人们制定的固定程序进行工作的，这就使它的控制能力具有很大的局限性。自动装置对外界缺乏分析和进行灵活反应的能力，如果发生任何意外的情况，自动装置就要停止工作，甚至发生意外事故，这就是自动装置本身所具有的严重缺点。要克服这种缺点，无非是使机器各部件之间，机器与环境之间能够"通讯"，也就是使自动控制装置具有适应内外环境变化的能力。要解决这一难题，在工程技术中就要解决如何接受、转换、利用和控制信息的问题。因此，信息的利用和控制就成为工业技术发展的一个主要矛盾。如何解决这个矛盾呢？生物界给人类提供了有益的启示。

人类要从生物系统中获得启示，首先需要研究生物和技术装置是否存在着共同的特性。1940年出现的调节理论，将生物与机器在一般意义上进行对比。到1944年，一些科学家已经明确了机器和生物体内的通讯、自动控制与统计力学等一系列的问题上都是一致的。在这样的认识基础上，1947年，一个新的学科——控制论产生了。

控制论是从希腊文而来，原意是"掌舵人"。按照控制论的创始人之一维纳给予控制论的定义是"关于在动物和机器中控制和通讯"的科学。虽然这个定义过于简单，仅仅是维纳关于控制论经典著作的副题，但它直截了当地把人们对生物和机器的认识联系在一起了。

控制论的基本观点认为，动物（尤其是人）与机器（包括各种通讯、控制、计算的自动化装置）之间有一定的共体，也就是在它们具备的控制系统内有某些共同的规律。根据控制论研究表明，各种控制系统的控制过程都包含有信息的传递、变换与加工过程。控制系统工作的正常，取决于信息运行过程的正常。所谓控制系统是指由被控制的对象及各种控制元件、部件、线路有机地结合成有一定控制功能的整体。从信息的观点来看，控制系统就是一部信息通道的网络或体系。机器与生物体内的控制系统有许多共同之处，于是人们对生物自动系统产生了极大的兴趣，并且采用物理学的、数学的甚至是技术的模型对生物系统开展进一步的研究。因此，控制理论成为联系生物学与工程技术的理论基础，成为沟通生物系统与技术系统的桥梁。

生物体和机器之间确实有很明显的相似之处，这些相似之处可以表现在

对生物体研究的不同水平上。由简单的单细胞到复杂的器官系统（如神经系统）都存在着各种调节和自动控制的生理过程。我们可以把生物体看成是一种具有特殊能力的机器，和其他机器的不同就在于生物体还有适应外界环境和自我繁殖的能力；也可以把生物体比作一个自动化的工厂，它的各项功能都遵循着力学的定律，它的各种结构协调地进行工作，它们能对一定的信号和刺激作出定量的反应，而且能像自动控制一样，借助于专门的反馈联系组织以自我控制的方式进行自我调节。

例如我们身体内恒定的体温、正常的血压、正常的血糖浓度等都是肌体内复杂的自控制系统进行调节的结果。控制论的产生和发展，为生物系统与技术系统的连接架起了桥梁，使许多工程人员自觉地向生物系统去寻求新的设计思想和原理。于是出现了这样一个趋势，工程师为了和生物学家在共同合作的工程技术领域中获得成果，就主动学习生物科学知识。

蒸汽机

蒸汽机是将蒸汽的能量转换为机械功的往复式动力机械。蒸汽机的出现曾引起了18世纪的工业革命。直到20世纪初，它仍然是世界上最重要的原动机，后来才逐渐让位于内燃机和汽轮机等。

世界上第一台蒸汽机是由古希腊数学家亚历山大港的希罗于1世纪发明的汽转球，不过它只不过是一个玩具而已。约1679年法国物理学家丹尼斯·巴本在观察蒸汽逃离他的高压锅后制造了第一台蒸汽机的工作模型。

仿生学研究什么

仿生学是生物学、数学和工程技术学相互渗透而结合成的一门新兴的边缘科学。第一届仿生学会议为仿生学确定了一个有趣而形象的标志：一个巨大的积分符号，把解剖刀和电烙铁"积分"在一起。这个符号的含义不仅显示出仿生学的组成，而且也概括表达了仿生学的研究途径。

仿生学的任务就是要研究生物系统的优异能力及产生的原理，并把它模式化，然后应用这些原理去设计和制造新的技术设备。仿生学的主要研究方法就是提出模型，进行模拟。其研究程序大致有以下3个阶段：

（1）对生物原型的研究。根据生产实际提出的具体课题，将研究所得的生物资料予以简化，吸收对技术要求有益的内容，取消与生产技术要求无关的因素，得到一个生物模型。

（2）将生物模型提供的资料进行数学分析，并使其内在的联系抽象化，用数学的语言把生物模型"翻译"成具有一定意义的数学模型。

（3）根据数学模型制造出可在工程技术上进行实验的实物模型。

当然在生物的模拟过程中，不仅仅是简单的仿生，更重要的是在仿生中有创新。经过实践—认识—再实践的多次重复，才能使模拟出来的东西越来越符合生产的需要。这样模拟的结果，使最终建成的机器设备与生物原型不同，在某些方面甚至超过生物原型的能力。例如今天的飞机在许多方面都超过了鸟类的飞行能力，电子计算机在复杂的计算中要比人的计算能力迅速而可靠。

仿生学的基本研究方法使它在生物学的研究中表现出一个突出的特点，就是整体性。从仿生学的整体来看，它把生物看成是一个能与内外环境进行联系和控制的复杂系统。它的任务就是研究复杂系统内各部分之间的相互关系以及整个系统的行为和状态。生物最基本的特征就是生物的自我更新和自我复制，它们与外界的联系是密不可分的。生物从环境中获得物质和能量，才能进行生长和繁殖；生物从环境中接受信息，不断地调整和综合，才能适应和进化。长期的进化过程使生物获得结构和功能的统一，局部与整体的协调与统一。

仿生学要研究生物体与外界刺激（输入信息）之间的定量关系，即着重于数量关系的统一性，才能进行模拟。为达到此目的，采用任何局部的方法都不能获得满意的效果。因此，仿生学的研究方法必须着重于整体。

仿生学的研究内容是极其丰富多彩的，因为生物界本身就包含着成千上万的种类，它们具有各种优异的结构和功能供各行业来研究。自从仿生学问世以来的二十几年内，仿生学的研究得到迅速的发展，且取得了很大的成果。

就其研究范围可包括电子仿生、机械仿生、建筑仿生、化学仿生等。随着现代工程技术的发展，学科分支繁多，在仿生学中相应地开展对口的技术仿生研究。例如：航海部门对水生动物运动的流体力学的研究；航空部门对鸟类、昆虫飞行的模拟、动物的定位与导航；工程建筑对生物力学的模拟；无线电技术部门对于人神经细胞、感觉器官和神经网络的模拟；计算机技术

认识仿生学

对于脑的模拟以及人工智能的研究等。在第一届仿生学会议上发表的比较典型的课题有:"人造神经元有什么特点"、"设计生物计算机中的问题"、"用机器识别图像"、"学习的机器"等。

从中可以看出以电子仿生的研究比较广泛。仿生学的研究课题多集中在以下3种生物原型的研究,即动物的感觉器官、神经元、神经系统的整体作用。以后在机械仿生和化学仿生方面的研究也随之开展起来,近些年又出现新的分支,如人体的仿生学、分子仿生学和宇宙仿生学等。

总之,仿生学的研究内容,从模拟微观世界的分子仿生学到宏观的宇宙仿生学包括了更为广泛的内容。而当今的科学技术正是处于一个各种自然科学高度综合和互相交叉、渗透的新时代,仿生学通过模拟的方法把对生命的研究和实践结合起来,同时对生物学的发展也起了极大的促进作用。在其他学科的渗透和影响下,生物科学的研究在方法上发生了根本的转变,在内容上也从描述和分析的水平向着精确和定量的方向深化。

生物科学的发展又是以仿生学为渠道向各种自然科学和技术科学输送宝贵的资料和丰富的营养,加速科学的发展。因此,仿生学的科研显示出无穷的生命力,它的发展和成就将为促进世界整体科学技术的发展做出巨大的贡献。

最古老的仿生故事

在我国,早就有着模仿生物的事例。最古老的关于仿生的传说应该是原始社会,史书上说:上古时人类少而禽兽多,人类居住在地面上,经常遭受禽兽的攻击,每时每刻都存在着伤亡危险。在恶劣环境的逼迫下,部分人类开始往北迁徙。他们来到今山西和陕西一带,受鼠类动物的启发,在黄土高原的山坡上打洞,人居住在里面,用石头或树枝挡住洞口,这样就安全了许多。但是北方气候寒冷,许多人宁愿留在危险的南方,也不肯往北迁移。这时候有巢氏出现了,他受鸟类在树上筑巢的启发,最先发明了"巢居"。他指导人们用树枝和藤条在高大的树干上建造房屋,房屋的四壁和屋顶都用树枝遮挡得严严实实,即挡风避雨,又可防止禽兽的攻击,人们从此不再过那种担惊受怕的日子。像老鼠一样在山洞里居住和像鸟一样建巢而居无疑是原始的仿生应用。

仿生学与力学
FANGSHENGXUE YU LIXUE

力学仿生，是研究并模仿生物体大体结构与精细结构的静力学性质，以及生物体各组成部分在体内相对运动和生物体在环境中运动的动力学性质。例如，建筑上模仿贝壳修造的大跨度薄壳建筑，模仿股骨结构建造的立柱，既消除应力特别集中的区域，又可用最少的建材承受最大的载荷。军事上模仿海豚皮肤的沟槽结构，把人工海豚皮包敷在船舰外壳上，可减少航行湍流，提高航速。

飞翔的梦想

从鸟到飞机

飞机发明之后大约30年，由于速度不断提高，出现了一种"机翼颤振"现象，往往使机翼突然断裂破碎造成惨重的飞行事故。过了许久，人们才弄清缘由，想出了在机翼末端前缘加快金属板（"配重"）的办法，从而有效防止了颤振现象的发生。

其实，生物界早在千百年就已经有了类似的抗颤振结构。只要我们仔细观察，就可以发现在蜻蜓等昆虫翅膀的末端前缘长有一个色彩明显称作"翅

仿生学与力学

痣"的加厚区。痣就是昆虫翅膀的抗颤振结构，倘若人们能够早一点向生物界学习这种抗颤本领，何必浪费那么多时日去冥思苦想搜寻设计方案，又何苦要做出那些不必要的牺牲！许多事实告诉我们，在已经有了现代飞机的今天，人类仍然有必要继续向飞行动物学习，

飞　机

以求进一步完善特殊飞行本领，不断提高飞机的性能，更快地发展航空技术。

例如，对一种长有4只翅膀的沙漠蝗虫所进行的风洞试验表明，它的翅膀所做的优美而复杂的"8"字形运动，能够产生惊人的推进效率。这种昆虫可以连续不断地变换翅膀角度及前后翅的相对位置，以便和速度、气压相协调。这是一种比目前最好的人造自动驾驶仪还要精巧得多的自动控制系统。

再如，苍蝇、蚊子、蜜蜂等昆虫，还会做现有的任何飞机都做不到的种种灵活机动的飞行动作：直向上升、垂直下降、陡然起飞、掉头飞行和定悬空中。蜻蜓翅膀是柔软而单薄的全长约5厘米，重仅0.005克；但它却有足够的强度和刚度，每秒钟可以扑动2040次，每小时飞行50千米。这些都是现代飞机尚不具备的性能和结构特点。鸟类和昆虫的飞行，还有其他许多优异特性也是现代飞机所无法比拟的，因而工程师在设计新型飞机时尚大有文章可作。

对人类的早期飞行，重量是一个大的障碍。鸟类早就解决了这个问题，中空而尖细（圆锥形）的骨头。例如，巨大的军舰鸟翼展达2米，胳只有100多克重。鸟类飞行的研究成果之一，是制造了一种具有"圆锥弯曲"翼的飞机，它模仿鸟翼尖端的"低垂"或弯曲，结果飞行的稳定性提高很多。

鸟类的V形编队远飞

鸟类为什么总是编队高飞远迁呢？说起来，这非常符合空气动力学的原理。如果有25只鸟编成"V"形队列做长途迁徙，比起它们各自为政地飞行，要少消耗30%的体力。

当鸟朝下扇动双翅时，会在翼梢产生升力。编队中任何一只鸟都可利用这种"相邻升力"，进行滑翔，以节省体内能量，当然鸟类所以这样做，并非

鸟的"V"型飞行

是懂得什么科学理论,而是根据它们的飞行直觉本能地调整各自所处位置的结果。

当鸟群排成水平线飞行时,也能产生"相邻升力"。但这种编队方式,处于当中的鸟获得的升力要大于处于边上的鸟。在"V"型编队中,分布在各处的鸟获得的升力几乎是均等的,因为领头鸟面临的阻力虽然要稍大些,但这可由来自两侧的升力得以补偿;而尾鸟获得的升力,虽然仅仅来自一侧,但由于汇聚了前面群鸟产生的升力,所以这升力却是相当强的。

"V"型编队的另一个优点是,两边可以不必对称,即一侧鸟数可以多于另一侧的鸟数。只要每一侧的鸟数不少于6只,并且互相保持严格的间距,每只鸟就都能获得足够大的升力。

那么,飞机能不能像集群鸟一样编队飞行呢?不能。因为鸟类有肉翅,能靠不断地反复调整准确的双翅形状,以求保持大编队中彼此的间距,并充分利用"相邻升力",而飞机的钢铁翅膀却无法灵活多变,因此,如果编队的飞机太多,一旦靠得过近,就极易相撞而粉身碎骨。

昆虫飞行的启示

比鸟翼要先进的翅膀昆虫最初是没有翅膀的,这从泥盆纪中找到的有关化石可以证明。后来,在石炭纪中,才开始出现能飞的昆虫。那时的飞虫,体形比较笨重,像蜻蜓那么大,身上长着两对翅膀,但飞行时双翅拍动很慢,也许还能像蜻蜓那样,张开翅膀在空中滑翔。鸟类的双翼,包括蝙蝠的双翼是前肢进化而成的。鸟类或蝙蝠的翅翼是从背部生长出来的外皮组织,翅翼中有甲壳质的翅脉,其中可以找到气管、血管和神经。可是昆虫的双翅,却不是由其身上的某种爬行器官进化而来,它们一开始就是一种完全崭新的器官。

昆虫的双翅,比鸟类先进得多。他们的构造比鸟翼简单,它们的关节活

仿生学与力学

动能力比鸟翼强得多。昆虫不仅在飞行时双翅摆动的幅度大，振动的次数多，而且在栖息时，双翅能够收拢起来，吊在身体后部、侧部或背部。如胡蜂，双翅摆动的幅度，就能达150度。

昆虫在飞行时振动翅膀的速度，也远非鸟类所能比拟。科学家在观察昆虫的飞行以后，发现不同种类的昆虫，振动翅膀的频率各不相同，而且相差极大。例如：双翅类、膜翅类和鞘翅类的昆虫，翅膀振动的频率极高，研究人员利用连续快速摄影机和高速电影拍摄机等仪器，把它们飞行时的动作拍摄下来，分析后发现了许多意想不到的情况。

蝗虫每秒能振动翅膀18次，比鸟类拍动双翼速度高得多，可是它与其他昆虫相比，还差得很远。雄蜂每秒能振翅110次，非洲的采采蝇每秒振翅120次，普通的苍蝇每秒180次，蜜蜂每秒236次。雄蚊每秒能振翅100次，金龟子（金匠花金龟）每秒能振翅587次，而一种小蚊蚋，其振动翅膀的速度竟达700～1000次/秒，真是不可思议的超高速度！

昆虫在进行演变的过程中，形成如此神奇的飞行能力，要归功于其控制翅膀的特殊结构。像蝗虫或蜻蜓之类的昆虫，是利用翅膀根部肌肉的伸缩而使翅膀振动，频率较低。另外像苍蝇、蚊子或蜜蜂，则利用其胸腔本身肌肉的弹性，来振动翅膀，振动的频率要高得多。上述胸腔的弹性肌肉，能自动地快速伸缩，因为昆虫体内一种化学物质，能直接转化成为肌肉的机械能，使翅膀以极快频率振动。

苍蝇和蚊子之类的昆虫，本来都有两对翅膀，但在进化过程中，它们只剩下前面一对翅膀作飞行之用，后面那一对翅膀则已经退化，变成了两根棒状物，它们在昆虫的飞行中，起着极其重要的作用。原来这对小棒能维持平衡。如果把昆虫的这一对器官切去，那么昆虫就再也无法飞行，往往还会迅速死亡。

风　筝

人类自古以来就梦想着能像鸟一样在太空中飞翔。而2000多年前中国人发明的风筝，虽然不能把人带上太空，但它确实可以称为飞机的鼻祖。传说墨子曾经研究了三年用木板制成了一只木鸟，在天上飞了一天，这只木鹞是最早的风筝,也是世界上最早的风筝。

古代风筝曾被用于军事上之侦察工具外,更进行测距、越险、载人。历史记载,南北朝时风筝曾是被作为通讯求救的工具,梁武帝时,侯景围台城,简文尝作纸鸢,飞空告急于外,结果被射落而败,台城沦陷,梁武帝饿死,留下这一风筝求救的故事。从这些历史记载中我们可以得出这样一个结论,空战并非是在近代产生的。

像鲸鱼一样潜水

鲸类是兽类中的潜水冠军。抹香鲸可潜到1000多米的海洋深处,最长可在水下滞留2个多小时。海洋中,水深每增加10米,就增大1个大气压,所以1000多米的海洋处,压力高达100~200个大气压。

鲸 鱼

目前人类就是穿上带有水下呼吸设备的最先进的潜水服,下潜极限也只有上百米,时间限制在数十分钟,再深了,人体就受不了那过高的压力。但鲸类体内却有一系列与深潜相适应的结构与功能。鲸的气管由肌肉膜隔成一个个腔室,并有软骨锁住的阀门系统,可使胸腹腔、肺气管及其他内脏的内部压力与海水压力维持平衡。

另外,鲸的血红素含量特别高,抹香鲸的肌肉因此而红得发黑。血红素含量高能结合更多的氧,保持体内供氧充分。鲸在深水中还能大大减慢心跳,降低血液流速,节约氧消耗。它的大脑呼吸中枢能忍受高浓度CO_2的积累,从而减少呼吸2次,而一般陆上动物却无法做到这一点。鲸类的潜水能力给人类提供了启示,指明了提高潜水能力的目标和方向。

例如寻找一种药物,增加人类肌肉中血红蛋白的含量以储藏更多的氧,再寻找一种降低呼吸中枢对CO_2积累敏感性的方法,以减少呼吸次数。同时为

仿生学与力学

了承受深海高压可模拟一套阀门装置，防止肺中空气被压出，或者穿上保护外衣，这样人类的深潜能力就能大大增强，人类就有可能深入实地去探明海下的秘密。

像海豚一样在水中自由穿梭

在交通运输方面，水运因其成本低、载重量大和安全被摆在了首位，但由于水的密度比空气大800倍，使船速的提高成了科学界的一大难题。目前，飞机已超过了音速，火车和汽车速度也有了大幅度的提高，而船舶的速度却难以提高，原因就在于此。因此，提高舰船的航速问题，就有着特别的现实意义。

近来，有人提出了一些发动机设计方案，它们在一定程度上模仿了鱼体运动。例如利用沿船体奔走的波动，鲸类（包括海豚）有很好的流线型体型和较高的运动速度。人们照鲸类体型改进了轮船的设计，使船的水下部分不再是刀状，而取鲸类形状，使阻力大大减小，同时，又按海豚的轮廓和比例制造了潜水艇，使航速提高20%~25%。海豚能轻而易举地超过快艇，速度之快，简直像个鱼雷了。毫无疑问，解开海豚的航速之谜，必定会给快速舰船的设计提供新的原理。

原来，海豚和鲸都有一个极好的流线型体形。海豚还有特殊的皮肤结构。海豚的皮肤分两层，外层很薄并且富有弹性，里层长着密密麻麻的突起的弹性纤维网，网的空间处充满脂肪。当高速运动的时候，海豚的皮下肌肉做波浪式运动。所有这一切都大大减少了水的阻力，使海豚动力利用率高达80%，而潜艇为克服海水的阻力竟需消耗发动机90%的推进力。

人们模仿海豚皮肤的结构用橡胶和硅树脂制成了一种"人造海豚皮"。把它包在鱼雷表面，鱼雷所受到水的阻力减少1/2，速度约增加1倍。传统的船舶设计，其水下部分形状像刀，有人把它设计成鲸体形状，船体所受的阻力就减少了20%。有一种按海豚体形和身体各部比例建造的核潜艇，由于所受阻力比一般核潜艇小，航速便提高了20%~25%。

静体力学与细胞组织

植物表皮的气孔是调节温度的特殊装置。如果进入植物的水分多于蒸发掉的，则细胞壁受到压力增大，关闭气孔的细胞拉伸成马蹄形气孔口便大开，以蒸发掉更多的水分。若气候干旱，蒸发掉的水分多于进入植物的水分时，气孔则关闭。在建筑物墙中可以创造类似的气孔——通风孔，它的开关将根据室内空气的洁净度、温度和湿度进行自动调节。

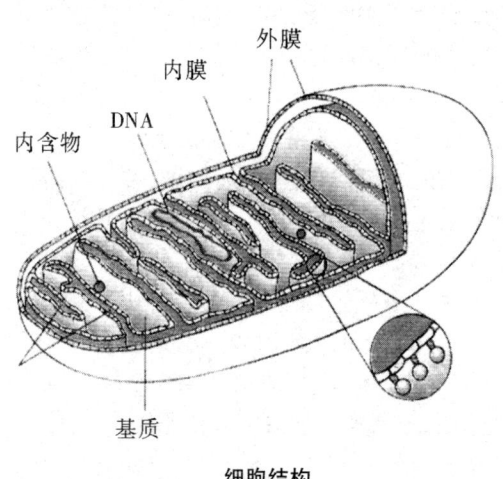

细胞结构

细胞内的液体和气体都对细胞壁有一定的压力，它们分别叫做液体静力压和气体静力压，统称为细胞的胀压。如果把植物的嫩茎或叶子折下来，它们过一会儿就会开始变软和枯萎，这和细胞内胀压的降低有关。因而，苹果、葡萄、西红柿，以及花瓣、鱼鳔等都可看做是一种气液静力压系统。现在，气液静力压系统在建筑中已得到广泛应用，这种充气或充液结构，可用来建造厂房、仓库、体育馆、剧场、餐厅、旅行帐篷和水下建筑等，这种建筑物的优点是轻便、施工快、好搬运，对暂时性的建筑尤为方便。

建筑材料可用橡胶布、合成织物和金属薄片等。气液结构还有一个引人注意的地方，即可用来创造自动调节系统，调节小范围内的气候。例如，在门窗的采光部分装上这种系统，天气热时里面的气体膨胀，通风口大开，能很好地通风；天气冷时，通风口自动关闭，以保存室内的热量，利用同样原理建造的帐篷可以自动调节太阳辐射：太阳光强时，充气壳自动加厚；阳光弱时则自动变薄。

仿生学与力学

水立方的建筑材料

"水立方"不仅是一幢优美和复杂的建筑,她还能激发人们的灵感和热情,丰富人们的生活,为人们提供记忆的载体。因此设计中不仅利用水的装饰作用,同时还利用其独特的微观结构。国际上在建筑使用膜结构时,多用的是PTFE膜,这是一种纤维材料,特点是不透明,但是,使用技术比较成熟。而"水立方"使用的是ETFE膜,这是一种透明膜,能为场馆内带来更多的自然光。ETFE膜是一种轻质新型材料,具有有效的热学性能和透光性,可以调节室内环境,冬季保温、夏季散热,而且还会避免建筑结构受到游泳中心内部环境的侵蚀。更神奇的是,如果ETFE膜有一个破洞,不必更换,只需打上一块补丁,它便会自行愈合,过一段时间就会恢复原貌!

鲫鱼吸盘的启示

在我国南海和非洲沿海,生活着一种奇怪的鱼。它身体较长,一般为80厘米,头部宽而扁,"后脑壳"上长着一个椭圆形的吸盘,盘边有齿状褶皱,就像一枚图章,因此人们管它叫鲫鱼。鲫鱼常利用头上的特殊吸盘,把自己吸附在鲨鱼、鲸、海豚、海龟甚至轮船船底,然后毫不费力地到处旅游。尤其对鲨鱼,鲫鱼更经常"乘坐",因为,附在鲨鱼身上,可以狐假虎威,免遭大鱼的袭击,还可以分享鲨鱼狼吞虎咽之后的残羹。当然,对鲨鱼来说,鲫鱼吸附在它身上没有什么好处,也没有什么太大的坏处,因此,也就懒得理它,听其自然了。

鲫鱼吸附在附着物上很牢固,以致渔民们可以用鲫鱼"钓鱼"。15世纪,哥伦布发现新大陆时,在古巴就看到当地人用这样的方法捕鱼:将鲫鱼的尾巴系上一根长绳子,然后饲养在小海湾围成的鱼塘里;当海面上出现鲨鱼或金枪鱼时,就将鲫鱼放入海中;鲫鱼吸附在鲨鱼或金枪鱼身上时,将绳子拖回,就逮住了鱼。这种捕鱼方法,现在在我国南海沿海、加勒比海等处仍为渔民所采用。

鲫鱼的吸盘为什么会牢牢地吸附在附着物上呢?

吸附在其他鱼身上的鲫鱼

原来，䲟鱼的吸盘中间有一纵条，将吸盘分隔成两块，每块都有规则地排列着的22或24对软质骨板，这些软质骨板可以自由竖起或倒下，周围是一圈富有弹性的皮膜。当贴在附着物上时，软质骨板就立即竖直，挤出吸盘中的海水，使整个吸盘形成许多真空小室。这样，借助外部大气和水的巨大压力，䲟鱼就牢牢地吸附在附着物上。

科学家从䲟鱼吸盘的原理中得到启发，发明了"吸锚"。这种"吸锚"对船只停泊、打捞沉船等都很有用。

乌贼的前进方式

乌贼的游泳方式很有特色，素有"海中火箭"之称。它在逃跑或追捕食物时，最快速度可达每秒15米，连奥林匹克运动会上的百米短跑冠军也望尘莫及。它靠什么动力获得如此惊人的速度呢？经过长期的观察和研究，人们终于发现了其中的奥秘。在乌贼的尾部长着一个环形孔，海水经过环形孔进入外套膜，并有软骨把孔封住。乌贼运动时，触手紧紧叠在一起，变成很好的流线型。乌贼有2种运动方式：①缓慢运动时，使用大的菱鳍，它以波动的形式周期性弯曲。②快速冲刺时，则利用喷水式运动。水经过尾部的环形孔进入外套膜，然后软骨将孔封团，收缩腹肌便把水从喷嘴射出去。

人们根据乌贼这种巧妙的喷水推进方式，设计制造了一种喷水船。用水泵把水从船头吸进，然后高速从船尾喷出，推动船体飞速向前。另外，采用喷水推进装置具有速度快、结构简单、安全可靠等优点。

以往的船舶螺旋桨是在水里转动而产生推动力的，它只能在深水中运用，而喷水推进船在1米深的水中便能畅通无阻。就速度而言，采用喷水推进的喷水船可达30米/秒。这种原理用于气垫船，可使其航速达40米/秒。喷水推进器在水中的噪音很小，敌方水下探测系统不易侦听，同时对自身携带声

仿生学与力学

呐的干扰也小,所以采用喷水推进的潜艇和鱼雷,对于搜索和接近敌方都极为有利。

乌贼的烟幕弹

乌贼不仅能像鱼一样在海中快速游泳,还有一套施放"烟幕"的绝技。乌贼体内有一个墨囊,囊内储藏着能分泌天然墨汁的墨腺,一旦有什么凶猛的敌害向它扑来时,乌贼就立刻从墨囊里喷出一股墨汁,把周围的海水染成一片黑色,使敌害顿时看不见它,就在这黑色烟幕的掩护下,它便逃之夭夭了。而且它喷出的这种墨汁还含有毒素,可以用来麻痹敌害,使敌害无法再去追赶它。但是乌贼墨囊里积贮一囊墨汁,需要相当长的时间,所以,乌贼不到十分危急之时是不会轻易施放墨汁的。受到乌贼的启发,人类在陆战中,作战双方常常利用发烟罐、发烟手榴弹放出浓烟来掩护步兵和坦克前进。有时候,也在敌人进攻的方向上施放烟幕,使己方在烟幕的掩护下顺利转移。

为什么啄木鸟不会脑震荡

清晨,如果你在树林间散步,可能会听到一阵阵清脆的"鸣噜噜"的声音,这是啄木鸟在啄木时发出的声音。啄木鸟是一个通称,它有200多种,在我国分布有27种。常见的种类有斑啄木鸟,它的背羽黑色,杂有白色圆点,上腹和两侧白色,下腹部朱红色,雄鸟颈部有一块红斑。还有绿啄木鸟分布也较广。啄木鸟啄木是为了寻找隐藏在树干内的昆虫。在它们的食谱中所列的昆虫大多数都是对林业有害的。因此,啄木鸟是妇幼皆知的益鸟,并且被人们称为"森林医生"。

啄木鸟善于攀爬树木,它们的脚趾很特别,第二和第三趾朝前,而第一和第四趾向后,像一把双爪钳一样,再加上锐利的趾爪就能牢牢地抓住树皮,在几乎笔直的树干上进退自如,尾羽坚挺而富有弹性,啄木时用利爪抓住树皮,强硬的尾羽撑在树干上起着支架作用,这样身体就能牢靠地固着在树干上。啄木鸟的嘴坚壮有力,嘴形直,像木匠用的凿子,适于啄木。人们除了对啄木鸟的啄木灭虫感兴趣外，对它的啄木行为也有极大的兴趣。一些有经验的侦破人员常用手指或其他工具不断地敲打墙壁，然后听回声，凭他们的经验，就可以判断出墙壁里面是否有夹层，从而果断地凿开墙壁将内藏物搜出。啄木鸟似乎也有这套本领，它们在觅食时，飞到树上，用凿形的嘴不停地敲打树木，从这一棵树敲打到另一棵树，一旦觉察到异常的回声后，便将嘴作为钻、锤、凿等不断地迅速啄木，直到啄开树木，然后用它那富有黏性的舌深入凿开的缝隙内，搜捕昆虫。啄木鸟的头并不太大，那么在平时它的长舌又安置在哪里呢？剥去啄木鸟头部的皮肤，就容易了解这个问题。

原来啄木鸟的舌并不太长，但是，它的舌根骨有一条带有弹性的肌腱状的组织，平时这条肌腱状物由颚下向上伸展，绕过枕骨，经头顶骨进入右鼻孔，呼吸主要由左鼻孔承担，当啄木鸟要粘捕昆虫时，这条舌根骨就从后脑及下颚向外滑出，这样就可将舌伸至洞内很深的地方，啄木鸟的舌端是角质的，并且带有倒钩，可以将洞内的虫钩出来。尽管啄木鸟的嘴是如此的竖直壮实，但是，要凿开坚硬的树木没有速度是不行的。人们发现啄木鸟啄木时嘴的啄木速度可以高达 1300 千米/时。但是，啄木鸟每啄一下所花费的时间还不到 1/1000 秒，这样高的啄木速度和频率，经过折算，就意味着啄木鸟在啄木时它的头脑经受的重力加速度高达 1000g，重力加速度是指在地面附近物体由于重力作用而获得的加速度，用 g 表示，任何物体的重力加速度在同一地点都相同，约为 9.8 米/秒，这简直是令人难以想象的。因为在载人火箭发射时，坐在舱座内的宇航员所受到的重力加速度还不到4g。你可以做一个简单的试验，快速地不断点头，没有几下你就会感到头晕眼花，忍受不了。

那么，是什么原因使啄木鸟的脑能承受这样大的重力速度呢？啄木鸟脑的基本结构同其他鸟相比，并没有太大的差异。人们想到啄木鸟啄木时，在这么大的重力加速度的作用下，要做到脑袋不会被震裂和撕落，除非啄木鸟的头和嘴不产生丝毫歪斜，不受到丝毫扭曲力。经过研究和各种试验证明，啄木鸟的颈部肌肉特别发达，啄木鸟啄木时，是利用头和颈部强壮的肌肉非常协调地运动，以精确的配合动作，致使在整个啄木过程中，啄木鸟的头和嘴的运动轨迹几乎成一条几何直线，这样啄木鸟的头脑就能避免扭曲力的影响。你见过一些运载蛋类和酒瓶之类易碎物品的箱盒吗？人们在盒子里安排了一个个大小同运载物体相同的格框，将酒瓶或蛋类前后左右和底部框住，使酒瓶和蛋类不能向前后左右晃动，只能垂直上下的动，这样运载物品就不容易破碎了。啄木鸟头和颈部发达的肌肉限制住头部，不让它在啄木时有左

右晃动。

如果啄木鸟头和嘴以非常小的角度歪斜,那么它的脑部将被震坏。人们根据啄木鸟避免扭曲力的原理,研制出一种安全帽,帽内有缚带限制住头部,不使它产生在受到震动或撞击时可能发生的危险性歪斜,从而减少了脑震荡。

安全帽

安全帽是防止冲击物伤害头部的防护用品。由帽壳、帽衬、下颊带和后箍组成。帽壳呈半球形,坚固、光滑并有一定弹性,打击物的冲击和穿刺动能主要由帽壳承受。帽壳和帽衬之间留有一定空间,可缓冲、分散瞬时冲击力,从而避免或减轻对头部的直接伤害。冲击吸性性能、耐穿刺性能、侧向刚性、电绝缘性、阻燃性是对安全帽的基本技术性能的要求。

仿生学与化学
FANGSHENGXUE YU HUAXUE

在动物世界里，很多动物有着非常奇特、厉害的"化学武器"，这种武器是它们赖以御敌、出奇制胜、捕获猎物的法宝。例如，蚊虫在吸血时先向人体注射一种叫甲酸的"麻醉剂"，使人暂时不能觉察它的袭击。待到发现它时，它早已饱餐而去。毒蜘蛛、蝎子、蜈蚣等也有着各自的毒液武器。

科学的发展日新月异，生物学进入了分子生物学的时代。从分子水平上看，生物本领之大，更是人们见所未见、闻所未闻。于是科学家们又开始向生物学习化学功能，这是人类第二次向生物学习。这次学习使人们在生物学、化学等领域创造了数不清的奇迹，形成了一门新的科学——化学仿生学。

■■ 动物的化学通信

地球上的动物，如果在其个体之间不能交流寻找食物、逃避敌害和选择配偶等重要信息，它们就不能生存。因此，每种动物都有一套通信联系的独特办法。动物通信使用的"语言"是多种多样的。有些动物使用的是一种"气味语言"。它们发出的有味化学物质，可以用来标明地点、鉴别同类与敌

仿生学与化学

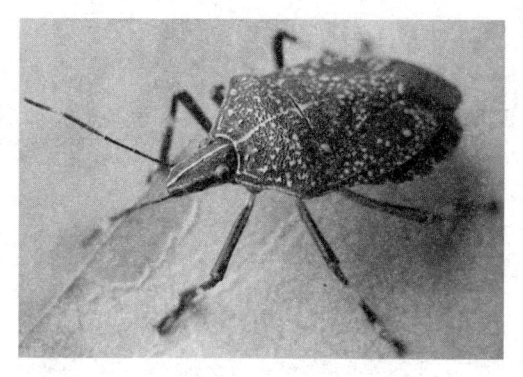

臭 虫

人、引诱异性、寻找配偶、发出警报或者集合群体。我们称这种利用化学物质传递信息的方式为"化学通信"。但是,负责这项工作的,却不都是鼻子。比如,昆虫是用头上的触角来分辨气味,而海洋哺乳动物鲸都是靠舌头来感知气味的。

苏联科学家用臭虫做实验。臭虫稍一受压,即散发出臭烘烘的"芳香"质,剂量不大,但足以使周围的"同胞"不再爬向它所在的地方。如果压得重一点,发出的"芳香"质浓度便增大,表示:"我要死啦!"这时附近的臭虫"弟兄们"就屏息静伏,庆幸自己没有落难。苏联科学家分离出一种耗子芳香质,表明"老鼠先生到此一游",涂在鼠夹鼠笼上,前来送死的老鼠大增。后来又分离出另一种芳香质,表明"鼠君游此,心旷神怡",这下子连警惕性最高的老耗子也顿释疑窦,欢欢喜喜地落入圈套。

昆虫用来吸引异性的"性引诱素"是最有效的传信素,这是保证昆虫延续后代的重要手段之一。借助于性引诱素,雄舞毒蛾能被 0.5 千米外的雌蛾所吸引;雄蚕蛾则可找到 2.5 千米以外的雌蛾。而天蚕蛾、枯叶蛾的雄蛾,则能被 4 千米以外的雌蛾引诱去进行交配。性引诱素是一种极其微量的化学物质。一只雌舞毒蛾仅能分泌 0.1 微克性引诱素,但这已足够诱来 100 万只雄蛾。30 个性引诱素分子便能促使一只雄美洲蟑螂产生性兴奋。一只关在笼子里的雌松树锯蝇,其气味能招引约 1 亿只雄锯绳。

由此可见,雄虫的性引诱素接收器是极其灵敏的。雄虫的接收器就是触角上的嗅觉感受器。就作用距离、精确性和反应敏捷等方面来说,昆虫触角要比目前的机载雷达的性能好。可以设想,昆虫触角的结构特征和功能原理将为新型的航空雷达提供设计原理。

经过多年的研究,人们终于搞清了家蚕蛾、舞毒蛾、棉铃虫等昆虫性引诱素的结构,并人工合成了多种"人造性引诱素"。这就给人类提供了一种新型捕杀害虫的有效方法。只要把一种昆虫的人造性引诱素置于涂有虫胶的捕虫器中,这种昆虫的雄虫便会兴冲冲地飞来自投罗网。还可采用一种"扰乱法"来消灭害虫,就是使性引诱素充满有害虫危害地域的空气中,雄虫便无法辨别单个雌虫放出的性引诱素了。雄虫找不到雌虫交配,害虫也就断子绝孙。用这些办法防治害虫,可以避免长期使用化学杀虫剂(农药)所引起的许多不良后果,因此,它同绝育素、拒食素等人工合成的昆虫激素一道,被人们称为先进的"第三代农药"。

海洋生物的淡化能力

海员们都知道,海水是不能喝的,因为越喝越渴。为了在海洋上远航,船舰上必须载大量淡水,这样就使船只的有效负荷下降。当然,也可以装上海水淡化器,但目前这种设备还嫌其结构复杂、费用昂贵,而且效率低,不能根本解决问题。

另外,航海中如遇海难,海上遇难者既不可能随身携带淡水,也不可能背上这种海水淡化器,这样就使海上遇难者的喝水问题遇到极大困难。如果我们能像鳄鱼、海龟以及信天翁,以简便的方法使海水淡化,那将给航海事业带来巨大的变革。

电影《上甘岭》中有一组令人动容的镜头:坑道中的中国人民志愿军战士已2天没有水喝了,一个个都渴得口干唇裂,连吞咽都感到困难。为了夺取反攻的胜利,指导员命令战士们以惊人的毅力去吃饼干。战士们每咽下一口饼干都要费好大的劲,忍受着喉咙撕裂般的疼痛,小小的一块饼干,也不知要吃多久才能把它吃完。如果这时送来一口水,实在要比那饼干好得多。由此可见口渴比饿更难熬。1920年麦克斯威奈在爱尔兰独立斗争中被逮捕,他在狱中绝食以示抗议,最终他饿了74天而牺牲。当然,在这74天内他必须喝水。如果没有水喝,他几天也活不成。因为生物体内含量最多的是水,一切正常的生命活动都是在水中进行的,没有水,养料不能吸收,废物不能排出。口渴就是表明生物体已经失去一部分水,并刺激生物去补充水。

地球上的水并不少,海洋面积就占地球总面积的71%,陆地面积仅占29%,而且其中还包括了许多江、河、湖、泊、溪、涧等。地球上的水97.2%是海水,海水中溶解有复杂的化学成分,每升海水所含的各种离子、分子和化合物的总量(矿化度)在3克以上的是咸水。航海者都知道海水是不能喝的。海水非但苦涩,难以下咽,而且越喝越渴,所以远航必须带足淡

仿生学与化学

水,途中补充给养时,第一件事就是补足淡水。由于海水含有大量的盐类,就连用来灌溉农作物也不能,因此,生物体能直接利用的是矿化度每升小于1克的淡水。其主要分布在江、河、湖、泊、地下水、高山积雪和冰川等,仅占全球总量的2.8%。随着现代工业、农业的飞快发展和人民生活需要用水量的日益增加,如果不注意节约用水,再肆意破坏水的资源,那么地球上淡水的危机就会到来。为了避免这种灾难的发生,人们一方面要节流,另一方面要开源。首先想到的当然是海水淡化,设法将海水脱除盐分变为淡水。世界上许多国家都建立了海水淡化工厂。通常用的传统方法是蒸馏法,使海水急速蒸发,蒸发产生的水蒸气冷凝后得到淡水。目前采用的一些新方法是从一些动物中得到启示而研制成功的。

有一种海鸟叫信天翁,分布于太平洋,冬季也可见于我国东北及沿海各地。成熟的信天翁全身纯白,仅翼端及尾端呈黑色,翅膀很长,伸展开来,两翅可达3.6米。它们能一连数月,甚至成年在海上生活,累了在水面上歇息,饿了捕食海中的鱼,喝的当然是海水,因为它们只有在繁殖的时候才返回荒岛和陆地。信天翁能喝海水当然会引起人们的注意,人们急于了解它们是怎样解决海水中的盐分问题。经过研

信天翁

究,发现信天翁的鼻部构造与其他鸟类不同,它的鼻孔像管道,所以称为管鼻类。在鼻管附近有去盐腺,这是一种奇妙的海水淡化器,去盐腺内有许多细管与血管交织在一起,能把喝下去的海水中过多的盐分隔离,并通过鼻管把盐溶液排出。以后人们相继发现许多海洋动物都有把海水淡化的本领,如海燕、海鸥、海龟和海水鱼等。

海水鱼终生生活在海水里,喝的当然是海水,而且全身都浸没在海水中,它们又是如何解决海水中的盐分的问题呢?人们当然也不会放过对这一问题的研究。水生动物的体表通常是可渗透的,鱼体内的渗透压和水环境的渗透压差别很大,鱼类与体外水环境的水分动态平衡是通过渗透压调节和体液中盐分含量的渗透作用调节来维持的。

海水盐量高，海水硬骨鱼血液和体液的浓度比海水要低，因此体内水分就会不断地从鳃和身体其他表面渗出，为的是保持体内水分代谢的动态平衡。一方面海水鱼必须大量吞饮海水，这样体内盐分就会增加。那么，又如何解决这个矛盾呢？海水硬骨鱼的鳃部有一种特殊的能分泌盐类的细胞，把过多的盐分排出体外；另一方面，海水硬骨鱼肾脏的肾小球的数量很少，肾小管重新吸收水的能力强，从而使排尿量减少到最低限度。

就现有的研究材料来看，这些海洋动物虽然各有自己的海水淡化器官，把喝进去的海水盐分排出体外，但是这些"淡化器"基本上都是用细胞的半渗透膜来脱盐淡化海水的；如口腔膜、内腔膜、表皮膜和鳃微血管膜等都是细胞膜，通常称为生物膜。它们喝进海水后，首先在口腔内通过吸气对腔内不断加压，压力差使一部分水渗过黏膜进入体内，而大部分盐则被阻隔在口腔内，随水流经鳃裂或排泄道排出体外。人们根据这个道理，研制出反渗透膜海水脱盐淡化装置，对海水施加大于渗透压的压力，使海水中水分通过渗透膜，而盐分则被隔在外面，从而得到淡水。

其次，海水中的盐分总有一些进入机体内，通过泌盐细胞的特殊功能，以自身微弱的生物电形成电磁场，把海水中的盐类，如氯化钠的两种电离子分离，在电场的作用下，渗出膜外，而将水分留在机体内。人们根据这个道理，研制出电渗析膜海水淡化器，在直流电场作用下，使海水中的盐类分解成正、负离子，使它们分别通过阳、阴渗透膜向正极和负极运动。然后收集留在两渗透膜中间的淡水。

鳄鱼的眼泪

古代西方传说鳄鱼在吃人时会流泪哭泣，因此有了"鳄鱼的眼泪"这个谚语来比喻虚伪。生物学家们当然不会相信鳄鱼真的会装哭。其实鳄鱼根本就不是伤心，而是在排除身体里面多余的盐分。一般生活在海里的鳄鱼，喝进了大量海水，积蓄了不少盐分，于是，它就利用眼眶中专门处理盐分的器官功能，把多余的盐分浓缩起来，借道眼睛，像泪珠似的淌出来。

仿生学与化学

萤火虫的冷光源

晋朝车胤年轻时家境贫困,经常没有钱买灯油,但他又是个勤奋好读书的人,为了夜间也能看书,在夏天他捕捉了数十只萤火虫,放入一个囊内,借萤火虫发出的荧光读书,通宵达旦。于是,车胤囊萤夜读也就被后人用作勤奋读书的典故。

萤火虫会发光,很多人都知道。在夏季的夜晚,走到庭园或田野去,当你看到一闪一闪的流萤飞舞在灌木丛的上空,就像一盏盏小灯笼,可能会脱口喊出"萤火虫"三个字来。萤火虫发光是为了照明吗?不是,它的发光是作为一种招引异性的信号。停在叶片上的雌萤火虫见到飞过的雄萤火虫发出的荧光后,立即放出断续的闪光,雄萤火虫见了就会朝它飞去。

在自然界除了萤火虫外,会发光的生物很多。动物界大约有1/3含有发光生物;海洋中会发光的细菌已知有70余种。热带和温带海面上出现的"海火"奇观,就是无数发光细菌聚集在一起放出的光所致。当然夜光虫更是"海火"的生成者。在某些深海水域,几乎95%的深海鱼类都会发光,一种斧头鱼,身体只有5厘米长,浑身透明,具有一系列的发光器,它在光线难以透进的深海中发光扩散而照亮了一定的范围,使得斧头鱼能在黑暗中辨别同类、群聚或寻找对象。其实人本身也能发光,当然放出的光绝不会像神话小说中所描述的那样头上有光环,而是放出肉眼所不能见到的超微光。

人们对发光生物发出的生物光有着浓厚的兴趣,这是因为:生物光的效能实在太高。古书《古今秘苑》记载有:古时我国渔民用百多只萤火虫装入一个吹胀的羊膀胱内,将它结扎在渔网底下,就能招来鱼群,从而提高捕鱼量。数十只萤火虫装入囊中放出的光量就能解决车胤的夜读照明问题。据测定,一个发光细菌所发出的光相当于 1.9×10 烛光。如此高效能的光源是不会不被人们注意的。

爱迪生发明了电灯,取代了用火照明。电灯无烟、光亮而且安全。但是,当你靠近开亮的电灯泡,就会感觉到热,愈是接近愈觉得热,这说明电只有使灯泡的钨丝烧热才能发光,而且大部分能量都以红外线形式转变成热散发了。

此外,这种热线对人眼是无益的,而生物光是目前已知唯一不产生热的光源，因此也叫"冷光源"，其发光效率可达 100%，全部能量都用在发光上，没有把能量消耗在热或其他无用的辐射上，这是其他光源办不到的。

　　人们研究生物光，虽然对生物发光的机制还了解得不多，但就现有的研究和了解，已取得一定的效益。通过对萤火虫的研究，已知萤火虫有 1500 多种，各自发出不同的光，作为自己特有的求偶信号，不同种之间不会产生误会。萤火虫的发光部位是在腹部，那里的表皮透明，好像一扇玻璃小窗，有一个虹膜状的结构可控制光量，小窗下面是含有数千个发光细胞的发光层，其后是一层反光细胞，再后是一层色素层，可防止光线进入体内。发光细胞是一种腺细胞，能分泌一种液体，内含两种含磷的化合物。一种是耐高热，易被氧化的物质叫荧光素；另一种不耐高热的结晶蛋白叫荧光酶，在发光过程中起着催化作用。在荧光酶的参与下，荧光素与氧化合就发出荧光，氧是从营养发光层的血管进入发光细胞的。由于血管随着它周围肌肉收缩而收缩，当血液中断供应时，氧就不能到达发光细胞，荧光也随之熄灭。生物发光需要氧，是英国学者波义耳在试验基础上发现的。

　　波义耳将装有发光细菌瓶中的空气抽出，细菌立即停止发光。将空气重新注入，细菌又马上发光。后来才知道是空气中含氧所致。发光反应所需的能量是来自一种存在于一切生物体内的高能化合物，叫三磷酸腺苷，简称 ATP。美国约翰·霍普金斯大学的研究人员将萤火虫的发光细胞层取下，制成粉末，将它弄湿就会发出淡黄色的荧光，当荧光熄灭时，若加入 ATP 溶液，荧光又会立即重现，说明粉末中的荧光素可被 ATP 激活。因此，萤火虫每次发光，荧光素与 ATP 相互作用而不断重新激活。

　　生物发光和光合作用都是"电子传递"现象。有人认为生物发光好像是光合作用的逆反应。光合作用是绿色植物吸取环境中的二氧化碳和水分，在叶绿体中，利用太阳光能合成碳水化合物，同时放出氧气。光能从水分子上释放电子，并把电子加到二氧化碳上，产生碳水化合物，这是一个还原过程。光合作用把光能转变成化学能，而生物发光是电子从荧光素分子上脱下来和氧化合，形成水，产生光。生物发光是将化学能转变成光能。

　　人们研究生物光是为了利用它，这种冷光源效能高、效率大、不发热、不产生其他辐射、不会燃烧、不产生磁场等特点，对于手术室、实验室、易燃物品库房、矿井以及水下作业等都是一种安全可靠的理想照明光源。人们还可以设法模仿发光生物把一种形式的能量转换成另一种形式的能量，制造冷光板，使其不需要复杂的电路和电力，就能白天吸收太阳光，到晚上再将

光能放出来。

人们先是从发光生物中分离出纯荧光素，后来又分离出荧光酶。现在已能人工合成荧光素，这就使人类模仿生物发光创造出一种新的高效光源——冷光源成为可能。但是，人们对生物发光的认识还很肤浅，就拿研究得较多的萤火虫来说，萤火虫发光是为了交配，然而萤火虫的卵刚产下时，内部也发着光，萤火虫幼虫也会发光，这些又是为什么？它们是怎样发光的？人们都还不了解。因此，人类对生物发光研究得越清楚，对于创造这种新光源必然会越有利。

海　火

航行在黑夜的海上或伫立在黑夜的海滩，有时会突然发觉海面上有光亮闪烁，好像点点灯火，沿海渔民就称其为海火，其实是一种海发光现象。海火的确是一种神秘奇异的现象，尤其是不常在海边或海上旅行的人，第一次看到海火时，更会感觉不可理解。海火实可分为三种，即：火花型（闪耀型）、弥漫型和闪光型（巨大生物型）。每一类型按其光亮的强度划分为五级，从微弱光亮到显目可见和特别明亮。

海发光现象在海洋生物中极为普遍，从结构简单的细菌到结构比较复杂的无脊椎动物和脊椎动物，都有着种类繁多的发光生物。如其菌门、菌藻纲、原生动物门、腔肠动物门、环节动物门、软体动物门、节肢动物门、棘皮动物门、脊索动物门和脊椎动物门等，都有发光的典型种类。

人造蚕丝——人造丝

走进商店里，大家常会被那绚丽的丝绸所吸引。舒适的感觉、明艳的色泽，给人以极大的诱惑。在夏季拥有丝绸做成的衣裙是许多女孩子的美好心愿。

丝绸是一种比较名贵的织物，我国是丝绸的故乡。直到现在，人们还常常把丝绸同中国的古老文明连在一起。河西走廊穿过茫茫大漠，将美丽的丝

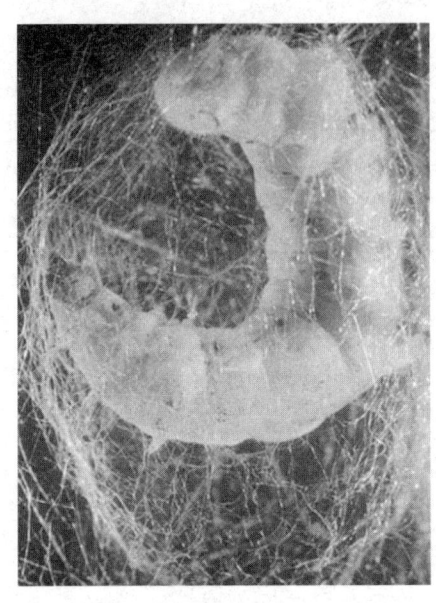

蚕

绸和文明一起带到欧洲,人们叫它"丝绸之路"。

在古时候,丝绸只有富人才穿得起,它有时候也就成了身份和地位的象征。从一首唐诗就可知当时的情景:"昨日入城市,归来泪满巾,遍身罗绮者,不是养蚕人。"

以前的丝绸,是用蚕吐出的丝做成的。人们经过研究发现,蚕丝是一种蛋白纤维。人们用桑树的叶子喂蚕,经过一段时间,蚕吐出丝,结成茧,人们把茧经过处理,抽出丝然后才能织出衣料。随着时间的推移,天然的蚕丝越来越不能满足人们的生产需求。于是,人们便想,能不能模仿蚕吐丝用人工的方法生产"丝"呢?

1855年,瑞士人奥蒂玛斯用硝化纤维溶液成功地制取出纤维。1884年,法国人夏尔多内将硝酸纤维素溶解在乙醇或乙醚中制成黏稠液,再通过细管吹到空气中凝固而成细丝。1891年在法国贝桑松建厂进行工业生产,但由于这种纤维易燃,生产中使用的溶剂易爆,纤维质量差,不能大量发展。1933年,蛋白质纤维开始生产。

人造丝的生产,为纺织业提供了大量原料。1942年,世界人造丝产量超过了真丝的产量。现在,我们见到的那些五光十色的丝绸,大部分都是人造丝。如今的丝绸,已经进入百姓家。

知识点

缫 丝

缫丝是制丝过程的一个主要工序。根据产品规格要求,把若干粒煮熟茧的茧丝离解,合并制成生丝或柞蚕丝。缫丝工艺过程包括煮熟茧的索绪、理绪、茧丝的集绪、拈鞘、缫解、部分茧子的茧丝缫完或中途断头时的添绪和

仿生学与化学

接绪、生丝的卷绕和干燥。我国在原始社会已存在缫丝,对野蚕茧和家蚕茧进行人工缫丝制。进入文明社会后,缫丝技术有所发展,从蚕茧牵引出丝绪,把丝绕到框架上形成丝绞。出土的商代丝织物縠(绝类),经纬丝均经并捻,捻度为2500~3000捻/米的强捻丝,当时已出现装有锭轮的手摇纺车雏形,可见缫丝技术已有较高水平。

性是刮骨刀

19世界末,法国昆虫学家法布尔做了一次有趣的试验:把一头新孵化的天蚕雌蛾,装进一个用纱布缝制的口袋里,在桌上放上一夜,第二天发现有40多头同样的雄蛾闯进了这间屋子围着那头雌蛾。不动声色的雌蛾,怎么会招来如此之多的雄蛾的呢?原来昆虫也有它们自己的语言和通信方式。

蟋蟀、蝼蛄的雄虫,靠翅膀震动、摩擦发出声音;雄蝉腹部有两片薄膜,进行鼓动鸣叫;有些蚁类却用头部敲击巢穴产生音节。这是它们的"声音语言"。然而,更多的昆虫是靠体内腺体分泌一种微量化学物质进行通讯联系的。这种微量化学物质称为信息素。信息素常有特殊气味,在空气中扩散迅速。某一昆虫释放之后,同种的其他昆虫通过感受器接收,接收到的昆虫,就能知道对方所在的方位和所持的要求。这就是昆虫的"气味语言"。

目前,人们已经查明100多种昆虫信息素的化学结构,并根据这种化学结构和性能引发昆虫不同行为的特征分类。如:引起同种异性个体产生性冲动与配偶行为的性信息素;帮助同类寻找食物、迁居异地指引道路和示踪信息素;通知同种个体对劲敌采取防御或进攻措施的示警信息素;召唤同种昆虫聚集过冬的集合信息素等等。

人们已搞清楚,性信息素大部分产生于雌性个体,大约有300多种昆虫具有这种本领,大多数属于蛾类,有90多种昆虫的雄虫,也能产生性信息素,其中蝶类就占40多种。一种雌虫分泌的信息素,只对同种雄虫有作用,而对别种昆虫则毫无效果,因此,昆虫不会产生种族混乱的现象。

一般来说,雌性昆虫分泌的性信息素,作用距离较远,引诱力也强;雄性昆虫分泌的性信息素,引诱距离较近,只起安定雌虫接受交尾的作用。交尾后停止分泌,不产生气味物质,产生性信息素的腺体,雌性多集中在腹部或头部,而雄性多分散在胸、腹、足、翅等部位。感知性信息素的感受器,大多分布在头部触角或口须上,性信息素的气味,能在大气中维持一二分钟。每当雄虫感知之后,它像一枚"性导弹",径直射向气味物质分子密度最大的地方,与雌虫交尾繁殖后代。

原西德化学家布特拿特经过20多年研究之后,于1961年用日本送去的500000头未交尾的雌蚕蛾,取出12毫克纯性信息素,定名为家蚕醇。试验表明,一头雌蛾一般只能分泌0.005~1.0微克(1微克等于1/1000000克)性信息素。就这么一丁点儿性信息素,却能诱集万头雄蛾,可见其引诱力之强。

由于性信息素具有强大的引诱能力,人们就可以把害虫性信息素制成诱捕器,设在田间收集成虫,预测其幼虫的发生时期和数量,制定防治对策,指导大面积治虫工作。也正因为性信息素诱虫能力强,在虫子密度极低的情况下,甚至肉眼难以发现的地方,也能把虫子"叫出来",因此这种测报害虫的办法很准确。美国防治棉红铃虫,过去采用检查青铃被害率的办法来指导喷药治虫,往往施之过迟。后以延长防治时间、增加用药次数加以补救,一般7月1日~9月5日,平均用药9.4次;现在应用性信息素准确测报后,不仅省工90%,而且喷药次数减至5.1次,每英亩节省农药费用30美元。

把性信息素和粘胶、灯光、水盆、杀虫剂和化学不育剂等结合使用,也可以消灭大量害虫,美国农业部的科研人员,发现柑橘东方果实蝇性信息素的核心物——甲基丁香酚有很强的引诱力,用一张浸有甲基丁香酚的纸片,在一天内就诱得雄虫94~96个。后来把甲基丁香粉和二溴磷杀虫剂浸泡在甘蔗渣压制板上,在太平洋的一个33平方英里的洛他岛上做试验,于1962—1963年间,每隔2个星期用飞机投掷1次,连续15次后,所有的雄虫都被杀死了,剩下的雌虫也因未能找到配偶而死去,从而使这个小岛上的这种果树害虫暂时绝种。

此外,采用人为释放性信息素,使田间空气中布满气味物质分子,雄虫因无法辨认雌虫所在方位而找不到雌虫,或者因气味感受过度疲劳而丧失灵敏的反应,以致干扰害虫正常的交尾活动,降低虫口密度,减轻对作物的危害。应用性信息素防治农林害虫,使用剂量极微,可把害虫诱集到一个很小的范围内,甚至不接触土壤和作物,就可以把它们消灭。即使有所接触,也很容易被生物分解,不会污染环境,性信息素具有高度的专一性,仅对某一防治对象有效,不误伤有益生物,害虫也不会产生抗药性,故有"无公害农药"之称。

性信息素的天然提取物的获得,需要饲养大量的害虫,甚至要在半无菌

条件下进行,其难度很大,现在,科学家们已攻克了一道道技术难关,模拟性信息素的化学结构,人工合成了棉红性引诱剂,开始在大面积生产上试用。

我国科学工作者,自1972年以来,合成了铃虫、梨小食心虫、麦蛾、二化螟等20多种农业害虫的性引诱剂。上海有机化学研究所和昆虫所协作,合成的棉红铃虫性引诱剂——烯烃酯类化合物,经大面积的田间试验,取得了明显效果。性引诱剂的合成,为农药事业的发展,展示了一个十分诱人的前景。

气味掩盖的陷阱

鲜美的鲑鱼是一种珍贵的自然资源。科学家发明了一种带特殊刺鼻气味的无色液体,叫"莫福林"。让幼鲑鱼从小生活在滴有"莫福林"的水中,它就会熟悉并暗记住这种气味,然后把幼鲑鱼放养在河中。当这些鲑鱼长大后,就会顺着河流奔向大海的"牧场"去长肥。秋天来临后,这些鲑鱼自己回到河里,去寻找那带有"莫福林"气味的故乡,繁殖产卵,这时就可以捕捞了。

苍蝇喜臭,是由于大粪中有一种叫粪臭素的臭在吸引它。从雌蝇表皮和屎里可提炼出一种叫顺-9-23碳烯的雄蝇性引诱素。利用这两种化合物的气味,就可以引诱苍蝇,再消灭掉。

为什么蚊子专爱叮某些人呢?因为这些人皮肤上的汗气最讨蚊子喜欢。人的汗里有赖氨酸和乳酸。用人工合成的赖氨和乳酸,可以吸引蚊子,再消灭掉,蚊子最讨厌邻苯二甲酸酯,N、N¹-二乙莱量甲苯酰胺和2-乙基-1,3-乙二醇这些化学物质的气,用它们做成皮肤用驱蚊剂,有很好的驱蚊效果。番茄的气味能吓退雌菜蛾的进攻,桂竹香植物的气味使得雌菜蛾逃跑。从大侧柏中可提

蚊 子

炼出一种叫"苎酸酰胺"的气味物质，可以消灭埃及蚊，驱除蟑螂。从荆芥里提取一种叫"单萜烯"的气味物质，也能驱除许多害虫。

从大蒜中可分离出一种叫二烯丙基化二硫的气味物质，可代替杀虫剂，消灭蚜虫、菜蝶、马铃薯甲虫和蚊子的幼虫，防治马铃薯块茎蛾、棉红铃虫、棕榈红象鼻虫和苍蝇。

在250种鲨鱼中，有近50种伤害人。鲨鱼的嗅觉尤其敏锐，只要闻到极少量人或血腥的味道，就会从远处扑来，用海绵浸渍醋酸铜和黑色染料做成的防鲨剂，挂在潜水员身上，当凶残的鲨鱼向潜水员扑来时，就会突然转身，吓跑了。鲨鱼闻到了什么，原来鲨鱼闻到了类似它的同伴尸体腐烂时所发出气味。

植物体内的反应堆

生物的活细胞，是天然化工厂。生物在进化过程中，获得了能有效地合成生命运动所必需的一切有机物的惊人本领。

生物的活细胞，是一个"反应堆"。在细胞中，可同时发生1500～2000个化学反应，而且完成这些反应的速度极快。例如，由缬氨酸开始，合成一条由150个氨基酸组成的肽链仅需1分钟。尤其惊人的是，只需要常温、常压下就能完成这些反应。相比之下，现代的化学合成技术是何等的"笨拙"，不但必须在几百、上千度的高温和几百个大气压下才能反应，而且最多只能同时进行几十个反应。

二者的差别为什么会这么大？最根本的原因就在于，在活细胞的化学反应中，起着支配和调节作用的是生物酶。据估计，一个活细胞中往往含有几千种生物酶，它们的催化效率比化学工业上应用的无机催化剂要高得多，而且有很强的选择性，一种酶仅仅催化一种特定的反应，并且往往只是一个反应，这也大大加强了生物酶的催化作用。因此，人们正在努力寻找把酶反应应用到化学工业和化学分析中去的有效方法。但是，生物活细胞中酶的含量极少，要提取和纯化它们是十分困难的。因此，要在化学工业和化学分析中广泛采用生物酶去催化化学反应，几乎是不可能的，而人工模拟合成生物酶，才是可行的途径。

不过，生物酶本身是一种蛋白质，是由一连串氨基酸组成的。其化学结构远比无机催化剂复杂，因而要用非生物化学方法严格地模拟酶也相当困难。

仿生学与化学

经过进一步研究，发现在酶的蛋白质链中，不是所有的氨基酸分子都具有同样重要的作用，起催化剂作用的只是其中的"活性点"的那一部分。因此，研究酶的活性点的结构是模拟生物酶的一个重要途径。

对生物固态酶的生物化学研究和化学模拟，是生物酶研究的一个例子。氮肥是植物生长发育必不可少的养料，氨是人工化学合成的氮肥。如果按每亩施用20千克氨计算，我国的16亿亩耕地每年就需要3200万吨氨。而目前全世界氨的产量不过4000万吨，远远不能满足人类的需要。因此，寻找合成氨的简易方法，自然就成了举世瞩目的研究课题。

高等植物不能直接利用空气中的氮气作养料。但豆科植物根上的一种微生物——根瘤菌，则可以通过体内固态酶的作用，从空气中提取氮，从水中取出氢，并将二者合成氨，当然这是在常温、常压下以极高的速率进行的。

目前，在石油工业、化学反应工业的生产过程中都广泛采用了催化剂。催化剂能够使一些化学反应的速度加快，而它们本身在化学反应结束后却没有什么损耗，也不发生化学变化，这种能使化学反应加快的本领是催化剂的一个特点，称为"活性"。催化剂的活性越高，被它催化的化学反应速度就越快。催化剂的活性是个很复杂的问题，许多原因现在还不很清楚。

目前比较普遍的看法是，在有催化剂的化学反应中，当参加反应的不同分子在互相进行化学反应之前，催化剂就先和反应分子接触，通过一些特殊的物理和化学作用，使这些反应分子的化学结构发生了有利于化学变化的反应。

因此，催化剂也是积极参加反应的，但是在反应之后还能从反应中解脱出来，仍然保持原来的性质。例如，在室温条件下，把氢气和氧气按2：1的比例放入玻璃瓶内密封，即使经过很长时间，也只有少量的氢气和氧气发生反应而成水。但是，如果在瓶内加入少量的白金粉末，绝大部分的氢气和氧气几乎立即化合成水，而白金粉末的数量和质量都没有发生改变。催化剂的第二个特点是对所催化的化学反应方向有选择性，使化学反应沿着某一方向进行。

动物体内的化学室

自化学武器问世以来，曾给一些国家带来灾难，使无数人在化学战中丧生。因此,它遭到了全世界爱好和平人们的强烈反对,国际公约也明确禁止在战争中使用。但一些国家仍在不断地研究和生产。化学武器是怎样发明的呢?这还得从一种名叫气步的小虫那里谈起。

气步,肚子里有一个能进行化学反应的反应室。室一端通向肛门,另一端有两个管道,分别通向体内的两个腺体。这两个腺体一个生产对苯二酚,另一个生产过氧化氢。平时这两种化学物质分别贮存,不会相互接触。一旦遇到敌害,气步便猛地收缩肌肉,把这两种物质压入前面的反应室。在反应室里,过氧化氨酶使过氧化氢分解,放出氧分子;在过氧化物酶的作用下,对苯二酚被氧化成醌。反应放出大量的热,在气体压力下喷射出来的醌水化合物达到了沸点,就发生了爆炸声并形成一团烟雾,从而吓退前来威胁的各种敌人。

还有一种小动物的技术比气步更高一筹,在它的反应室里分解成的氢氰酸和苯甲酸,以蒸气形式喷射出去,一次喷的氢氰酸足以将几只耗子毒死。

在自然界里,使用"化学武器"防御敌害的小动物还不少。它们同气步的防卫原理一样,产生出醋酸、蚁酸、氢氰酸、柠檬酸等,对敌实施攻击或防御。现代火箭和化学武器的制造,使人们产生着一种神秘感,殊不知,这还都是从小虫豸的化学战中得到的启示呢!

火箭里的液态氢和液态氧也是分别存放的,它们有管道通向反应室,火箭点燃后,将液氧、液氢压于反应室,氢和氧发生剧烈的化学反应,生成水和大量的热。水在这种高温下变成水蒸气猛烈从尾喷管喷出去,产生强大的反作用力,推动火箭前进。化学武器所不同的是将反应室里反应所产生的有毒物质再由炸弹爆炸的冲击波散发出去。

化学武器作为一种人类相互残杀的工具是应当被禁止的,但小动物所给我们的启示并非只能制造化学武器。

化学武器

战争中使用毒物杀伤对方有生力量、牵制和扰乱对方军事行动的有毒物质统称为化学战剂或简称毒剂。装填有化学战剂的弹药称化学弹药。应用各种兵器,如步枪、各型火炮、火箭或导弹发射架、飞机等将毒剂施放至空间仿生学与化学

或地面，造成一定的浓度或密度从而发挥其战斗作用。因此，化学战剂、化学弹药及其施放器材合称为化学武器。而 cwa 则是构成化学武器的基本要素。

生物膜的启示

生物膜是指包围整个细胞的外膜。对于真核生物还包括处于细胞内具有各种特定功能的细胞器的膜，如细胞核膜、线粒体膜、肉质网膜等等，称为细胞内膜。生物膜是生物细胞的重要组成成分，它具有复杂的细微结构和各种独特的功能。对于生物膜的研究以及构成生命现象本质的许多问题，如能量转换、物质转换、代谢的调节控制、细胞识别、信息传递等都有密切的关系。

真核细胞的膜约占细胞干重的 50%~70%，它不仅仅是包围细胞质的口袋，或者区分细胞内各细胞器的隔膜；而且作为一种结构为细胞提供了细胞空间内的支持骨架，使酶和其他的物质有秩序地排列在细胞内外的"骨架"上，因而保证了细胞内有条不紊高效率地进行成千上万的各种反应，保证了生命活动的正常进行。

生物膜的构造是非常复杂的，它的成分主要是蛋白质和脂类物质，此外还有少量的糖、核酸和水。其中蛋白质约占 60%~75%，脂类占 25%~40%，糖类占 5% 左右。其中脂类物质规定膜的形态，蛋白质则赋予膜的特殊功能。

蛋白质与脂类的比例在不同的细胞膜是不同的，对于功能复杂的膜，其蛋白质的含量也比较高。

构成膜内脂类的主要成分是磷脂，它是一个两性分子。每一个磷脂分子由极性部分和非极性部分组成。生物膜中的磷脂呈双分子平行排列，极性部分排列于双层的外表面，非极性部分朝着膜的内部，这就形成了膜的基本结构。蛋白质和酶等生物大分子或者主要结合在膜的表面上或者可以由膜的外侧伸入膜的中部，有的甚至可以从膜的一侧穿透 2 层磷脂分子而暴露于膜的另一侧外。在暴露于膜外侧的蛋白质分子上有时还带有糖类物质。这些蛋白质、酶和糖类物质在生物膜的位置上并非固定不变，而是处于一种不断运动的状态。膜的各项生理功能主要是由蛋白质、酶、糖类决定的。

目前对于生物基本结构的了解，被认为是具有疏水性的膜蛋白与不连续的脂双层的镶嵌结构。对于水溶性的物质如金属离子、糖类、氨基酸等透过膜是一个"屏障"。但是活着的正常细胞，水溶性的小分子物质仍然可以穿透细胞膜，其中碘在细胞内的积累浓度比海水中高千倍以上。人体内在颈部气管的两旁有一种内分泌腺，称为甲状腺，甲状的腺泡细胞对于碘也具有很强的选择性摄取、浓缩和运转的能力。

细胞对某种物质所具有的浓缩功能，使某物质在细胞内的含量远远超过细胞外的数量，这种物质被输送到膜内是逆着浓度差进行的。这类输送过程称为"主动输送"，而且要消耗代谢能量。如果在主动输送过程中停止能量的供应，主动输送就变成"促进输送"，使膜内高浓度的物质顺着浓度差的方向将物质输送至细胞外，直至被输送的物质在细胞内外的浓度相等为止。

总之，膜的选择性输送功能，主要是由膜上的载体蛋白的作用实现的，载体的作用使膜提高了渗透率，且有高度的选择性。具有选择性的通透性是生物膜的一个特性，使细胞能接受或拒绝、保留（浓缩）或排出某种物质。

人们如果能模拟生物膜的输送功能，创造出选择性强、高效的分离膜，不仅具有重要的理论意义，而且在化学工业中也有很大的实用价值。目前，在模拟生物膜的"促进输送"和"主动输送"的功能方面取得了一些进展，利用液膜技术达到了对气体及溶液中离子的选择性分离的目的。

液膜分离技术是从20世纪70年代初发展起来的，它以模拟生物膜的"促进输送"为基础，是一种新方法、新技术。在液膜中加入适当的载体分子后，大大提高了液膜的渗透率和选择性，展示了良好的应用前景。

人工模拟生物膜输送物质的功能，把载体应用于化学分离，由此而产生的一种新的分离技术——液膜分离技术，为化学工业实现高速、专一分离目的开辟了一条新途径。人们可以根据不同的分离对象而设计不同的在液膜中进行的平衡反应。可以预料液膜分离技术在气体分离、海洋资源的开发和应用中将起到巨大作用。而对于生物膜化学模拟工作的广泛开展也将推动对生物膜的深入研究。

生物体内的化学反应

生物体内有一种奇妙的蛋白质叫做酶，生物体内发生的一切化学反应都是在酶的催化作用之下实现的。酶是一种催化剂。

仿生学与化学

说起催化剂，少年朋友们也许会感到陌生，举个例子就明白了。一块糖用火是烧不着的，可是，如果在糖块的一角撒一些烟灰，一点火，糖便可以烧起来。烧完以后，烟灰还是烟灰，并没有变化。在这里，烟灰起了催化剂的作用。催化剂能促进化学变化，但是在化学变化的前后，它本身的量和化学性质并不改变。酶在生物体内，也能起促进化学变化的作用，所以我们可以把它叫做生物催化剂。酶是1815年由一位俄国人发现的。但是，人类有意识地利用酶的历史则要长得多。我们的祖先远在4000多年前就知道利用霉菌的淀粉酶来酿酒。我国是世界上第一个使用酶的国家。

酶字的一半是"每"字，正巧说明了最早的酶是从霉菌来的，也说明了酶的广泛存在和广泛用途。"每"种生物，"每"个器官，"每"个细胞里都有酶；生物体内的"每"种生化反应都需要酶。酶的品种很多，像个小王国，目前的"人口"有2000左右。它们分工严格，专一性很强，一种酶品只能催化一种反应，就像一把钥匙只能开一把锁一样。

人和动物身体里有着各种各样的酶。一条蟒蛇囫囵吞下一只完整的小动物，居然能把它消化掉，这就是酶的作用。酶把这只小动物的身体分解成几种化学成分，又把它们重新组合，变成蛇的肌肉。这情形就像一队建筑工人拆了一栋旧房子，然后又利用拆下来的砖瓦和木料建成一栋新房子一样，在这一拆一建之中，酶立下了汗马功劳。

由于酶有这样奇妙的本领，科学家们研究酶的秘密，想要造出一种具有酶的功能而又比酶稳定的人工催化剂。前几年，有个叫凯富尔的人，成功地模拟了硫酸酯酶（也就是说，他用人工的方法造出了硫酸酯酶）。据试验，它的本领比天然的硫酸酯酶还要大，这是模仿酶而又超过酶的第一个例子。后来，又有人成功地模拟了过氧化氢酶和血红蛋白。血红蛋白有可能用于人工肺中，以挽救垂危的病人；也可以给登山、长跑运动员、潜水员带来方便。

有一种酶叫固氮酶，模拟这种酶现在已经成为农业科学的重要课题。大家知道，各种庄稼在生长过程中都需要大量的氮肥，空气中本来就有大量的氮，可惜大部分庄稼都不能从空气中直接吸收，需要人工施肥，只有大豆、花生等豆科植物例外。这是因为，它们的根部有大批根瘤菌，根瘤菌里的固氮酶能利用空气中的氮合成氨，供给植物吸收。

固氮酶这东西远在1893年就被人发现了，但是要人工造成这种酶很不容易，科学家们经过几十年艰苦卓绝的努力，才制成了有固氮本领的模拟酶。它们在室温（一般指15℃~25℃的温度）和常压下，几秒钟内就可以使空气中的氮和水中的氢直接结合成"联氨",联氨经过加温以后可以释放出氨,供植物吸收。氨是植物的"粮食",也是化学工业的基本原料,不远的将来,当人们能够大量生产固氮酶的时候,氨的产量也会大大增加。到那时候,化学工业和农业生产一定会飞速发展,出现魔术般的奇迹。

人们曾把草藤栽在绝对纯净的蒸馏水中,除了加入少量的钙盐作为养料之外,植物的生长几乎不与外界发生物质交换,但经过一个多月的时间之后,发现草藤中的磷元素比原来减少了,而钾元素却增加了 1/10 左右。

这是什么缘故呢?这种能将一种元素转化为另一种元素的奇妙本领,常常使近代的科学家们感到惊奇,因为迄今为止,科学工作者只能利用原子反应堆或回旋加速器等复杂的设备,才能使一种元素转化为另一种元素。但植物却不同、它们能在常温常压下,轻而易举地完成这项艰巨的工作。

非凡的化学本领还表现在其他的许多方面,如非生命物质向生命物质转换的过程。绿色植物就是一个天然的有机化学工厂,它们能吸收外界的无机物质,并把无机物质转化为有机物质,制造出各种供人和动物食用的果实、香料和药物,或燃料、染料等,如甘蔗和甜菜里,就含有大量的糖。除此之外,一些植物还具有能合成蛋白质的本领。

机体最基本的功能——新陈代谢,它能不断地产生新的细胞和组织,以取代业已衰老无用的那些东西。在这整个过程中,生物的活细胞就具有合成生命活动所必需的一切有机物质的非凡本领。号称人体化工厂和仓库的肝脏,它不仅是机体内三大营养物质——碳水化合物、蛋白质和脂肪的制造者,而且还具有解毒、生成维生素 A、调节水和盐的代谢、贮藏血液等功能。

小小的肝脏具有这样巨大的功能,研究表明,除了它在构造上的复杂性和特殊性之外,在机体内还有一整套非常经济、有效的化学合成本领。

有一个有趣的故事,在某个牧场里,由于年景不佳,牧草大多长得矮小枯黄,但奇怪的是有一块牧草却长得十分茂盛,远远看去,就像沙漠中的绿洲一样。什么原因呢?经过仔细分析,原来这块绿洲的附近,有一个铜矿工厂,许多抄近路走的工人,常常从这里走过,工人皮靴下沾着许多铜矿粉,也就大量地留在这个地方,于是这里就长出了绿茵茵的一片牧草。这个事实清楚地告诉我们,微量元素在生物的生长过程中,能起到"维生素"的作用。

研究表明,生物体中仅仅有占两万分之一以下的微量元素,常常与生物体内各种主要酶的活动有极为密切的关系,而各种酶又是机体基本代谢活动的支持者,所以说,如果酶的组成部分发生变化,生物体内的正常活动就会

失调，进而会引起各种疾病。微量元素与人体的构造有密切的关系。

如果某些地区由于水分或土壤中缺少碘，则当地的许多居民就会产生一种"粗脖子"病。在过去，人们常把这种现象和霍乱、伤寒、猩红热等疾病联系在一起，当做传染病看待。随着人们对微量元素的逐步认识，这个谜终于揭开了。给病人服用一些食盐并加上几千分之一的碘化钾，就可以很快战胜这种疾病了。

称碘为"大哥"的溴，对人体和动物机体中的血液、脑和肾脏的工作，起着很大的作用。如果它的含量减少，则人体和动物的神经系统就会出现故障。

钴、锰和铜等元素，也是人体中非常重要的一些微量元素。食盐中的金属部分——钠，是探索神经记忆奥妙的关键部分。研究还表明，由于生物体内各种机体具有不同的构造和功能，所以机体中各部分微量元素的含量，也不完全一致。例如在动物的有机体中，锂主要集中在肺里，镍主要集中在胰腺里，铜主要集中在脑子里，钡主要集中在眼睛的视网膜里，锡主要集中在舌头的黏膜里……

血液由于是机体各部分营养物质的来源，所以里面含有30多种微量元素。因为肝脏是血液的制造者之一，研究测定，肝脏里面含有更多的微量元素，它几乎"蕴藏"着门捷列夫周期表中的所有元素。

粗脖子病

医学上叫"地方性甲状腺肿"。在远离海岸或高原地区的人，往往容易患"粗脖子"病，这是为什么呢？最主要的原因是这些地区的饮水、食盐、蔬菜、粮食，甚至土壤中含碘量太少了。碘是人体内甲状腺组织合成甲状腺素不可缺少的一种原料，而甲状腺素是参与人体新陈代谢活动的极为重要的内分泌激素。人体好比是一架十分精密的机器，当体内缺少了碘，甲状腺素的生成、分泌都会减少，这时人体通过神经系统的调节功能，体内自动产生一种"信号"，使主管甲状腺素的两个部位——下丘脑和垂体兴奋起来；这样，甲状腺素的分泌就增多，作用到甲状腺组织，使甲状腺在组织结构上发生变化、分泌更多甲状腺素的需要。这样一来，甲状腺的每个细胞都变得高大了，整个甲状腺的体积也就增大了。因为甲状腺位于头颈的前面,所以形成了"粗脖子"。

化学仿生的未来

生物体是一个天然的、规模巨大的"化学工厂"。这个天然的"化学工厂"里面存在着无穷无尽的奥妙,等待着我们去发掘和利用,这就是仿生学在化学领域中面临着的一个艰巨任务。但由于任务面广量大,且非常艰巨,所以对于化学仿生,目前研究得比较多的,仅局限在以下几个方面:

第一方面,是利用人工的方法,按照天然物质的结构形式,合成许多重要的物质,如生物碱、维生素、激素和抗生素、蛋白质,甚至核酸片段;或者对天然物质的部分结构加以改造,合成更有生物活性的物质,如按照某些蛾类性引诱剂的结构,合成一种可以消灭害虫的农药。

第二个方面是借用个别生化反应的机制,来改进人工合成的技术。如在新陈代谢过程中起重要作用的氢化可的松。虽说人工可合成这种物质,已有很多年的历史了,但步骤繁多,可一些微生物活细胞却能轻而易举地完成这项任务。

第三方面是借用整个生物合成的路线来扩大人工合成的物质。如目前得到广泛应用的人工橡胶,可以用来加速食用酵母生长的全合成脱硫生物素,以及能耐受4000℃高温、性能无与伦比的树脂等等。

第四方面是酶的模拟。酶的应用,我国最早可以追溯到远古的时代。酶在公元前22世纪的夏禹时代,就已经用于酿酒。约在战国以前,就已经利用淀粉酶水解来制造饴糖。利用酶来控制疾病,在我国也很普遍,如中药里的陈曲,就是一种非常重要的药剂,特别是在治疗胃病时常常用到它。

酶也叫酵素,是构成机体细胞与组织的一种特殊蛋白质,分子量很大,遇到60℃~70℃的温度时就会失去活性。它也是生物合成中用的蛋白质催化剂。它和化学工业中应用的无机催化剂相比,具有高效专一、条件温和、不促进新的反应、在反应过程中也不会被消耗等等的特点。

仿生学与定位
FANGSHENGXUE YU DINGWEI

在千百万年以前，动物界就具有卓有成效的导航本领，其"导航仪器"的小巧性、灵敏性和可靠性，至今仍然使人们惊叹不已。鸟、鱼、鲸和海龟等都能在空中或海上航行几千千米，乃至万余千米，并准确无误地到达目的地。例如，有一种中等大小的鸟，身长35厘米左右，叫北极燕鸥，它营巢北极而在南极越冬，每年飞行4万多千米。鸽子也有卓越的航行本领，信鸽一般能从200～2000千米以外的地方飞回鸽舍。人们对某些鸟类一年两次世界范围的迁徙，已经注意若干世纪了。这些小东西怎么识别路途呢？在茫茫大海上行船，没有导航仪器是不可想象的事，古往今来，多少航船因导航失灵而遇难，多少航海者因迷失方向而丧生。因此，为了解决海上导航问题，人们不惜耗费巨资来研制各种精密仪器，最后科学家们发现，最好的老师就在生物界。

■ 动物的远程导航仪

候鸟南来北往，沿着一定的路线飞行。科学家用雷达观察，发现在夜里飞行的候鸟比在白天飞行的多得多。这真奇怪，难道夜里比白天更容易识别方向吗？人们因而想到，也许有的候鸟是靠星星来认路的。为了证明这种猜想，科学家对北极的白喉莺进行了实验。这种鸟每年秋天从巴尔干半岛向东南飞，越过地中海，到达非洲，再沿着尼罗河向南飞，到这条河的上游去过冬。它主要在夜间飞行。

白喉莺

科学家把白喉莺装在笼子里，带进了天象馆里，那里有人造的星空。当天象馆的圆顶上映现出北极秋季夜空的时候，站在笼子里的白喉莺便把头转向东南，就是在秋季飞行的那个方向。然后，人造星空根据白喉莺飞行的方向逐渐改变位置，白喉莺随着星象的变化，使自己始终朝着它所要飞行的方向，仿佛正在做一番长途的秋季旅行。

这个实验证明，白喉莺能根据它看到的天空里的星星，来辨别自己的航向。人们还发现，在大海中来回游的生物也有这种本领。鱼类和海龟迁徙的准确性也不逊色。一种鳗鱼从内河游入波罗的海、横过北海和大西洋，而后便准确地到达百慕大和巴哈马群岛附近产卵。生活在巴西沿海的绿色海龟，每年3月便成群结队地游向2200千米之外的产卵地——大西洋中长仅几千米的阿森匈岛，在岛上产卵后，6月间又游回巴西沿海。

动物远程导航的奇异本领，以及它们精巧的天然导航仪，长时间以来一直吸引着许多研究工作者。人们逐渐弄清楚，许多鸟类和其他动物体内都有精确计算时间的"生物时钟"，可以根据时间确定太阳或星星的方位，因而能够利用太阳或星星作为定向标；而另外一些种类的动物则可利用海流、海水化学成分、地磁场、重力场等进行导航。

人类早就知道在航行中利用星星来辨别方向了，然而利用眼睛识别星星的本领，比起那些动物来差多了。

在自然界中，有一些昆虫每年都要跨越大陆和海洋，到数千里外的地方去过冬。它们除了具有惊人的"长跑"本领以外，还能在茫茫大海上空，不迷失方向，准确地向目的地前进。这究竟是怎么回事呢？另外，蜜蜂离巢到很远的地方去寻找蜜源，尽管它们在花丛中反复迂回穿行，但仍能准确无误地飞回自己的蜂巢，这又是什么原因呢？最近研究表明，某些昆虫之所以能

仿生学与定位

辨别方向,似乎与太阳方位关系不大,因为长途迁徙的昆虫,即使在黑夜中也在继续向目的方向飞行。真正的原因,是由于这些昆虫身上含有氧化铁,虽然氧化铁的数量极微,但它足以感受到地球磁场变化的影响。

我们知道,地球上北纬40度的磁场强度为0.5高斯(或50000伽马)。从赤道到两极,随着纬度的不同,磁场强度也不断变化,每隔1千米,磁场强度就相差5伽马。昆虫之所以能够不迷失方向,是因为它们有感受地球磁场细微变化的高超本领。昆虫在千万年进化过程中,逐渐形成这样奇妙的飞行能力,是大自然的一种奇迹。研究仿生学的科学家们,也许有朝一日将从昆虫的飞行中,获得有益的启示,来改进将来飞机的设计,并创造完全新颖的飞行机器!

现在人们设计了一种由光敏元件、电子计算机和操纵机构组成的导航仪。光敏元件就像"眼睛",它能够一直瞄准星星,当星光偏离预定航线时,"眼睛"就会向"电子计算机"这个大脑报告,"大脑"马上就能计算出应当校正的误差,命令操纵机构自动调整航向。

地磁场

地球是一个巨大的天然磁体,它的磁场与条形磁体的磁场一样。地磁场对人类的生产、生活都有重要意义。行军、航海利用地磁场对指南针的作用来定向。人们还可以根据地磁场在地面上分布的特征寻找矿藏。地磁场的变化能影响无线电波的传播。当地磁场受到太阳黑子活动而发生强烈扰动时,远距离通讯将受到严重影响,甚至中断。假如没有地磁场,从太阳发出的强大的带电粒子流(通常叫太阳风),就不会受到地磁场的作用发生偏转而直射地球。在这种高能粒子的轰击下,地球的大气成分可能不是现在的样子,生命将无法存在。所以地磁场这顶"保护伞"对我们来说至关重要。

昆虫的隐身技术

昆虫的隐身术是相当高明的。一只蝴蝶落到花朵上,看上去好像是为花朵增加了一个花瓣；酸苹果树上的蜘蛛从不结网，只是静静地躲在花上，变成跟花一样的颜色，轻而易举地捕捉前来栖息的幼虫。

在军事技术当中，也有类似的隐身技术。像侦察中的化装术和通讯中的干扰术，飞机和导弹的隐身术等，都是隐身技术。不过，这里的"隐"字，不是对眼睛说的，而是对雷达、红外电磁波和声波等探测系统说的。

战略轰炸机

目前，军用飞行器的主要威胁是雷达和红外探测器。用什么办法对付这种威胁呢？科学家们经过刻苦地研究，隐形材料应运而生了。隐形材料是指那些既不反射雷达波，又能够起到隐形效果的电磁波吸收材料。它是用铁氧体和绝缘体烧结成的一种复合材料。这种材料是由很小的颗粒状物体构成的。电磁波碰到它以后，就在小颗粒之间形成多次不规则的反射，转化成热能被吸收了。这样，雷达就收不到反射波，也就发现不了飞行器。

到20世纪80年代初，神秘的飞行器隐身技术有了新的突破。它跟高能激光武器和巡航导弹列为军事科学技术上的三大革新。美国计划投入使用的B－LB战略轰炸机，就用上了一些重要的隐身技术。其雷达反射截面不到1平方米，是B－52型轰炸机的1%。这种飞机将取代目前的B－52战略轰炸机。1983年底，日本防卫厅宣布，它跟美国国防部合作研制出了一种雷达发现不了的新导弹。这种新导弹上面涂有含有特殊合金的铁酸盐涂料，它可把雷达的电磁波迅速转化成热能。目前，除了先进技术轰炸机正在试飞行外，实用的隐身巡航导弹、隐身飞机等都将问世。

美国F－22

当下世界中无疑是作战性能最强大的隐形战斗机，其一面世便成为了第4

仿生学与定位

代战斗机（美制）的标准，超视距作战能力辅以美机一直的航电系统领先得以极大提高；隐形性能突出，外加特制涂料减少雷达反射；机动性好，独特的矢量二位喷口技术。但造价高昂，达到近2亿美元，财力雄厚的美国空军最终也无奈将其服役数定在183架。

昆虫翅膀的启示

苍蝇等双翅目昆虫后翅的痕迹器官——楫翅，不但能使昆虫不用跑道而直接起飞，而且是使昆虫保持航向的天然导航器官，因此又称为平衡棒。昆虫飞行时，楫翅以330次/秒的频率不停地振动着。当虫体倾斜、俯仰或偏离航向时，楫翅振动平面的变化便被其基部的感受器所感觉。昆虫脑分析了这一偏离的信号后，便向一定部位的肌肉组织发出指令去纠正偏离的航向。

人们根据昆虫楫翅的导航原理，研制成功了一种"振动陀螺仪"。它的主要组成部件形似一个双臂音叉，通过中柱固定在基座上。音叉两臂的四周装有电磁铁，使其产生固定振幅和频率的振动，以模拟昆虫楫翅的陀螺效应。当航向偏离时，音叉基座随之旋转，致使中柱产生扭转振动，中柱上的弹性杆亦随之振动，并将这一振动转变成一定的电信号传送给转向舵。于是，航向便被纠正了。

由于这种"振动陀螺仪"没有普通惯性导航仪的那种高速旋转的转子，因而体积大大缩小。受到这类生物导航原理的启示，人们逐渐地发展了陀螺的新概念，还制成了高精度的小型"振弦角速率陀螺"和"振动梁角速度陀螺"。这些新型导航仪现已用于高速飞行的火箭和飞机，能自动停止危险的"翻滚飞行"，自动平衡各种程度的倾斜，可靠地保障了飞行的稳定性。

夜蛾的法宝

炎夏之夜，万籁俱寂，一场无声的"空战"正进行得十分激烈：号称"活雷达"的蝙蝠跟踪着夜蛾，步步进逼！啊，蝙蝠张开了嘴巴，夜蛾的性命危在旦夕……就在这千钧一发之时，夜蛾连翻几个筋斗，收起了翅膀，落到地上，它竟然溜之大吉了！

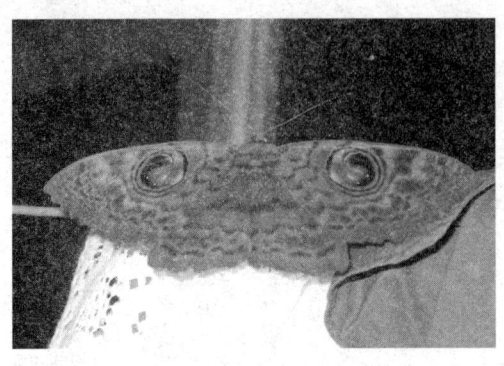

夜　蛾

众所周知，蝙蝠有着精巧的超声波定位系统，因此捕食昆虫十分准确。有时，它在1分钟之内能捕食到19只蚊子，真令人拍案叫绝。但是，夜蛾为什么能够在蝙蝠的追踪下死里逃生呢？原来，夜蛾具有一套精妙的反声呐系统，这使它足以对抗蝙蝠的侵袭。在夜蛾的胸腹之间，有一个特殊的听觉器官，叫做鼓膜器，可以接收蝙蝠发出的超声波。当它截听到蝙蝠发出的超声波时，就可以及时逃避。要是鼓膜神经脉冲达到饱和频率，则说明蝙蝠已经逼近，情况万分危急。这时，它就翻跟斗、转圈子、曲折飞行……以逃避敌人的追袭。

夜蛾对抗蝙蝠"法宝"还不止这一个。它的足关节上有个振动器，能发出一连串的超声波，干扰蝙蝠，使它摸不清夜蛾在南北还是在东西。有些自己身上长着一层厚厚的绒毛，能吸收超声波，使蝙蝠收不到足够的回声，从而大大缩小了蝙蝠"声雷达"的作用。还有一种夜蛾，它能模仿味道很坏的蛾子发出的超声波，使蝙蝠提不起食欲来。

夜蛾的反探测系统如此精致奥妙，为武器设计者打开了新思路。生物界有不少奇妙的构造，正等待着我们去发现和学习呢！

夜　蛾

夜蛾是鳞翅目夜蛾科的通称。全世界约2万种，中国约1600种。成虫口器发达，下唇须有钩形、镰形、椎形、三角形等多种形状，少数种类下唇须极长，可上弯达胸背。喙发达，静止时卷曲，只少数种类喙退化。复眼半球形，少数肾形。触角有线形、锯齿形、栉形等。额光滑或有突起。翅色多较晦暗，热带地区种类比较鲜艳。前翅通常有几条横线，中室中部与端部通常分别可见环纹与肾纹，亚中褶近基部常有剑纹。体型一般中等，但不同种类

可相差很大，小型的翅展仅 10 毫米左右，大型的翅展可达 130 毫米。多为植食性害虫，少数种类捕食其他昆虫，例如紫胶猎夜蛾又名紫胶白虫即为紫胶虫的天敌之一。某些种类成虫喙很强，能刺穿果皮吸食果汁，还有少数种类能吮吸人、畜的分泌物。成虫夜间活动，多数对灯火和糖蜜有正趋性。白天隐藏于荫蔽处，栖止时翅多平贴于腹背。夜蛾科许多种类在大量发生时，会给农作物造成大害，黏虫、小地老虎、黄地老虎、棉铃虫等都是著名的作物害虫。

响尾蛇的跟踪术

在美洲、澳洲、非洲的某些地区里，常会听到一种"嘎啦嘎啦"的声音，没有经验的人以为这是溪水发出来的流水声，可是在这声音的四周，却没有小河溪。原来这不是什么流水声，而是由一种毒性极强的蛇，用它尾巴剧烈地摇动而发出的响声。这就是大名鼎鼎的"响尾蛇"。

为什么它的尾巴会发出响声呢？

响尾蛇

大家在观看篮球比赛时，注意到裁判吹的哨子了吧！它是一个铜壳子，里面装上一层隔膜，形成两个空泡，当人用力吹时，空泡受到空气的振动，就发出响声。响尾蛇尾巴也有类似的构造，不过它的外壳不是金属，而是坚硬的皮肤形成的角质轮。由这种角膜围成了一空腔，空腔内又用角质膜隔成两个环状空泡，也就是两个空振器。当响尾蛇剧烈摇动自己尾巴时，在空泡内形成了一股气流，随着气流一进一出地返回振动，空泡就发出一阵阵声音来了。角质轮的生长不是很有规律的，但据动物学家认为，大致上是一年长两轮。因此，根据轮的多少，就可以比较正确地判断出它的年龄来。响尾蛇的角质轮所发出的声音，很像溪流的水声，用这种响声来引诱口渴的小动物，所以这也是一种捕食的方法。但是也有人认为，响尾蛇不会对敌人发出怒吼的噪声，于是只好用角质轮发出的响声来代替。

另外，还有人认为这是蛇招呼蛇的信号。响尾蛇经常捕捉耗子等小动物作为食物。奇怪的是，它的眼睛已经退化得快要成为瞎子了，怎么还能捉住行动那样敏捷的耗子呢？科学家经过观察研究发现，响尾蛇的两只眼睛的前下方，都有一个凹下去的小窝，这是一种特殊的器官——探热器，能够接受动物身上发出来的热线——红外线。这种探热器反应非常灵敏，温度差别只有0.001℃，它就能感觉到。所以，只要有小动物在旁边经过，响尾蛇就能立刻发觉，悄悄地爬过去，并且准确地判断出那个猎物的方向和距离，窜过去把它咬住。

国外有一种空对空导弹（由飞机在空中发射，攻击空中的目标），名叫"响尾蛇导弹"。为什么叫它"响尾蛇导弹"呢？因为它像响尾蛇一样，只要周围温度有一点变化，它就能分辨出来。

物理学告诉我们：任何物体，只要它没有冷到绝对零度（就是-273℃），总会辐射一种人眼看不见的红外线。红外线和可见光一样，也是电磁波的一种，只不过它的波长比可见光的还要长。可见光（白光）是由红、橙、黄、绿、青、蓝、紫7色组成的，紫光的波长最短，红光的波长最长。红外线的波长比红光还长，在电磁波谱上，它在红光之外，所以叫做红外线。

在漆黑的夜晚，没有了可见光，你就什么也看不见。可是，如果你使用红外线望远镜来观察，你眼前的景物就会如同白昼一样的清晰。为什么呢？因为它不是靠可见光，而是靠物体辐射的红外线来看见物体。

响尾蛇导弹上装有探测红外线的装置。在空战中，由于敌方的喷气式飞机不断喷出灼热的气流，辐射着红外线，于是响尾蛇导弹就能向着红外线辐射源的方向，直到追上飞机把它击毁为止。

不过，要对付这种红外制导的导弹，也不是没有办法。有一种红外曳光弹就是专门对付这种导弹的。它辐射的红外线同喷气式飞机辐射的红外红线差不多，导弹遇上它就会上

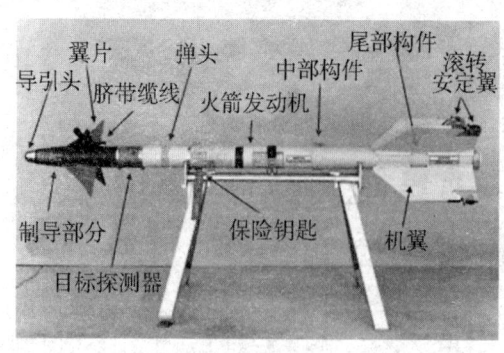

响尾蛇导弹

仿生学与定位

当受骗，丢开飞机去追它，结果和它同归于尽，而飞机却安全无恙。

响尾蛇导弹

"响尾蛇"AIM-9是世界上第一种红外制导空对空导弹。红外装置可以引导导弹追踪热的目标，如同响尾蛇能感知附近动物的体温而准确捕获猎物一样。美国"响尾蛇"系列共有12型，AIM-9L属系列中的第三代，被称为"超级响尾蛇"，1977年生产，弹长2.87米，直径127毫米，速度M2.5，最大射程18530米，可全方位攻击目标，最善于近距格斗，体积小，重量轻，结构简单，成本低，"发射后不用管"。据不完全统计报导，在多次局部战争中，被它击落的飞机有200多架。该弹于1983年停产，被更先进的导弹取代。

神眼的秘密

一般认为，人眼是生物界最完善的眼睛，它能确定深度、距离、物体的相对形状和大小，以及一系列其他参量。其实，与形形色色的生物眼相比，人眼平平无奇。

有的动物的眼睛看起来很小，实际上它们神通广大！蜜蜂有5只眼睛，3只长在头甲里（称为额眼），2只长在头的两侧（称为复眼）。鲎有4只眼睛，2只小眼在头部前方，2只复眼长在头部两侧。苍蝇有5只眼睛，3只单眼长在头脊部，2只复眼长在头部两侧。一般来说昆虫类的眼睛大多是复眼，结构也大同小异。复眼由许多小眼构成，蟑螂有1800个，蜜蜂中工蜂有6300个，蜂王有4920个，雄蜂有13090个，蚊子有50个，蟹有1000个，雄萤火虫有2500个，苍蝇有6000~8000个，部分蝶蛾有12000~17000个，蜻蜓有28000个。复眼越大，小眼越多，视力越强，清晰度也越高。

捕捉瞬间变幻的蛙眼

与人一样，青蛙主要通过眼睛获得关于周围世界的信息。它能迅速地发现运动目标,确定目标在某一时刻的位置、运动方向和速度,并且立刻选择最佳的攻击时间。

蛙　眼

青蛙为什么有这般功能呢?研究者们发现,蛙眼有4类神经纤维,即4种检测器,它们分别主管辨认、抽取、输入、视网膜图像这4种特征中的1种。

在蛙的实际生活中,这4种检测器是同时工作的。每种检测器都把自己抽取的图像特征传送到蛙脑中的视觉中枢——视顶盖。在视顶盖,视神经细胞由上而下顺序分成4层:反差变化检测器神经元终止于上层,它抽取图像的暗前缘和后缘;其次是运动凸边检测器,它检测向视野中心运动的暗凸边;再次是抽取前缘的变暗检测器神经元的终止处。每层里都产生图像的1种特征,4层里的特征叠加一起,结果得到青蛙所看见的综合图像。这好比画人脸一样:先草绘头的轮廓,再画眼睛、鼻、耳、嘴和头发,然后涂颜色,再衬光线,使图像具有立体感。如果将这些步骤分开来作,每一步画在一张透明纸上,再把4张纸重叠在一起,即得到最后的人脸像。

鲎的紫外眼睛

不久前,科学工作者在研究鲎——一种海洋节肢动物时,发现它的眼睛有一种宝贵的性质。这种动物生活在亚洲东海岸、中美洲和北美洲及大西洋沿岸。在我国的东南沿海,北自浙江省的宁波,南至广东省的汕头,都有这种动物,叫做中国鲎。它们在浅海里游泳,在海底爬行,或埋没在泥沙里。它的形态像蟹类,但却同蜘蛛和蝎子类似,在海洋中的首批鱼类还没出现之前,它就已经存在了。但尽管漫长的岁月流逝,鲎在进化上的变化却不大,故有"活化石"之称。

鲎有4只眼睛。前面的2只小眼,直径是0.5毫米左右,但都有自己的晶状体和视网膜,视网膜中有5080个感光细胞。它们对近紫外辐射最敏感,但在刺激停止后反应很快降为0。

仿生学与定位

因此，人们认为这种小眼是监视紫外线突然增多的感受器。对鲎的行为影响最大的是它两侧的复眼。鲎的复眼很像昆虫的复眼，但其中包括1000个小眼。鲎眼的每个感光细胞都有自己的透镜，将投射其上的光聚焦，沿神经末梢通到这些感光细胞上，在这里，光能

鲎

转变为产生脉冲的电化学能。脉冲沿轴传递到脑做最后的加工。

人们模仿鲎眼视神经之间的相互抑制作用，研制成功一种电模型，它是一台专门的模拟机，能解10个元素构成的网络方程。如果把某个本来很模糊的图像（X光照片、航空照片、月亮的照片等）展示给这台模型，图像就好像被聚焦了，边缘轮廓显得格外鲜明。应用这个原理制成的电视摄影机，能在微弱的光线下提供清晰度很高的电视影像。同样，也可以用这样的方法来提高雷达的显示灵敏度。

这种只对运动物体有反应的机器非常重要。前面我们谈过，探测飞机的雷达往往被建筑、树等反射的信号干扰。但飞机与它们不同的是，它在运动中。正是运动，才使雷达手把飞机分辨出来，并引导它到着陆地带，如果用简单方法让不动目标从雷达屏上消失，那工作起来该多么方便。

鸽子的眼定向

鸽 子

鸽子的眼睛可称之为神目，能在人眼不及的距离发现飞翔的老鹰。重复类似研究青蛙视觉系统的实验，发现鸽子视网膜有6种神经节细胞（检测器），分别对刺激图形的某些特征产生特殊的反应。

这6种检测器和相应抽取的图像特征是：①亮度，②凸边，③垂直边，④边缘，⑤方

向运动,⑥水平边。其中方向运动检测器只对自上而下,而不对自下而上运动的任何刺激物体发生反应;水平边检测器对光点刺激不发生反应,却只对横过感受域的水平边向上或向下运动发生反应。

鸽眼还有个奇特的功能,它具有定向活动的特征,当它注视从东向西的飞行目标时,从西向东飞的目标就不会引起它的反应。

能前瞻后视的变色龙

非洲有一种叫避役的爬行动物。它有变色的本领,所以人们又叫它变色龙。它的两只眼睛能够单独活动而互不牵制,当一只眼睛向上或向前看时,另一只眼睛却可以向下或向后看。这样它既可以用一只眼睛注视猎物的动静,又可以用另一只眼睛去搜寻新的猎物。

变色龙

螳螂的目光如电

夏天,螳螂穿着"伪装服",前足举在胸前,悄悄地隐蔽在树荫草丛之中。一有小虫出现,它就前足猛然一击,将昆虫一举捕获。它动作非常迅速,整个过程只有0.05秒。在这一瞬间,小昆虫还没来得及了解眼前的情景,就蓦地葬入了螳螂之腹。螳螂这样的发现和瞄准系统,使人类创造的上吨重的跟踪系统也为之相形见绌。

螳 螂

能精确分辨时间的复眼

昆虫的复眼一般含有5000~10000个视觉单位,即小眼,这些"睽睽众目"具有蜂窝状构造,它们的中心轴互成13°的角,一起构成了近似半球状的视野,昆虫的复眼虽然在空间上的分辨率比脊椎动物差,可是它们却具有极

仿生学与定位

高的时间分辨率,它们都是特别的速度计。

有些昆虫的眼睛不仅能感受可见光,而且能感受我们人眼看不见的光线。现已查明,蜜蜂、蝇类、蚂蚁和蝴蝶等都可以清楚地看见紫外线。许多夜间活动的昆虫还能发射"紫外雷达"来探索周围环境。因为人看不见紫外线,热敏元件又探查不到它,因而具有很好的隐蔽性,研究和模仿昆虫的"紫外眼"也就具有一定的军事意义。

有一种象鼻虫,根据目标从它复眼的一点移动到另一点所需要的时间,便能计算出自己相对于地面的飞行速度。正因为这样,它的着陆动作十分完美,既不会飞得太慢而失速,也不会飞得太快而过头。猫眼的瞳孔会随着光线的强弱而自动改变,白天瞳孔缩成一条线,夜晚变得又大又圆,因此,白天夜晚都能看清东西。

功能奇特的各种眼睛

新西兰有一种形似鳄鱼的爬行动物叫鳄蜥,除了在头部的两侧有一对眼睛外,在头部中央还生有一只"颅顶眼"。鳄蜥少壮时,这只眼睛能准确地观察外界事物,一旦年老,便逐渐退化,失去作用。鳄鱼的眼睛可水陆两用,它的眼睛除了有上下眼皮外,还有一个透明的"第三眼皮"。

在岸上,它把这层眼睛皮收进去,到水里就放下,防止水入眼中。树须鱼由于长期生活在深水中,眼睛已经退化,视力消失,变成了睁眼瞎。它靠嘴巴上长出的"小树枝"——触须,来探测环境,搜捕食物。深海中的巨尾鱼,眼睛长得特别大,特别凸,活像一具望远镜。如果没有这副"望远镜",它什么也看不见。

深海中的发光鱼,在眼睛的上方长着一根"钓竿",钓竿顶上带着的"诱饵",一闪一闪地发着光,馋嘴的小鱼一上钩,就成了它的美餐。比目鱼生活在海底的沙滩上,身子的一侧总贴着海底,所以它两只鼓鼓的眼睛全长在向上的侧头顶上。四眼鱼生活在接近水面的地方。它眼睛分成上下两半,中间有一层隔膜隔开,上面两只眼睛看天空,下面两只眼睛看水中。沙蟹的眼睛长在长柄顶端,有如潜望镜,能俯视平坦沙地的敌人和猎物,若有危险,它就把眼睛柄横折入壳前端的凹槽中,迅速逃入洞穴。

蚊虫生活在水上,从外表看只有两只眼睛,但每只眼睛的角膜分成上下两部分,实际上有4只眼睛,上面的2只观察水面上的东西,下面的2只看水下。一般的蜘蛛生6只眼睛,虎蜘蛛却有8只,它不会结网,这就需要有广

虎蜘蛛

阔的视野，8只眼睛一齐看，可以做到"眼观八方"了。鹰眼的敏锐程度在鸟类中是名列前茅的，它比人眼敏锐12倍，而且视野非常开阔，即便在23千米高空飞翔，也能一下子发现地面上的小兔、小鸡。

蜻蜓有一只宝石般明亮的、突出的复眼，构造精巧，功能奇异，由28000只表面呈六角形的"小眼"紧密排列组合而成，占头部1/2还多呢！每只小眼都自成体系，都有自己的趋光系统和感觉细胞，都能看东西。

蝙蝠的探路技术

船只、舰艇上装置的现代声呐（声雷达），可以搜索隐蔽在水中的目标，如潜艇、水雷、鱼群、冰山、暗礁以及浅滩，也可侦察到在水面上航行的舰船。在一定距离之内，两艘装有声呐的舰艇还可相互通信。声呐探测目标的作用距离为几千米，用来通信则可以达到更远的距离。声呐是人们经过长期苦心研究，在第一次世界大战期间发明的。可是，在自然界，有些动物也生有类似的声雷达，而且结构较人造的更简单、性能更好。其中，研究最多的是蝙蝠的声雷达系统。

蝙蝠是昼伏夜出的动物。不论是在茫茫暮色之中，还是在伸手不见五指、漆黑一团的岩洞和古庙里，它都能穿梭般飞来飞去，从不会相碰或撞到什么东西上，而且捕食时有惊人的灵活性和准确性，1分钟内竟能捕到十几只蚊子，简直可以做到"无一漏网"。这是因为蝙蝠有一双特别敏锐的夜视眼吗？不是。即使将它的双眼完全封住或弄瞎，蝙蝠仍能自由自在地飞翔。经过长时间的研究，人们终于弄清楚，蝙蝠的视力是很差的，它之所以有接近于"明察秋毫"的本领，正是靠了它生有一套天然声呐系统。

蝙蝠的喉咙可以发出很强的超声波，通过嘴和鼻孔向外发射出去，共同

仿生学与定位

构成蝙蝠声呐的"发射机"。它的接收机就是耳朵。根据耳朵接收到的反射回声,蝙蝠能够判明物体的距离和大小,是食物还是敌人或者是障碍物。人们把这种根据回声来探测物体的方式,称为"回声定位"。

蝙蝠的耳朵很大,内耳也特别发达,能够接收频率很高、但密度很低的超声波回声。令人吃惊的是,蝙蝠竟能在1秒钟内发出250组超声脉冲,同时也能准确地接收和分辨同一数目的回声。蝙蝠声呐的分辨本领很高,它能分辨用0.1毫米粗的线织成的网,并能根据网洞大小而收缩两翼敏捷飞过。它能把从昆虫身上反射的超声信号与地表、树木等反射的信号区分开。

蝙 蝠

蝙蝠的声呐可以同时探测几个目标,抗干扰能力也特别强。即使人为地去干扰它,哪怕干扰噪声比它发出的超声波强一、二百倍,蝙蝠声呐仍能有效地工作。成千上万只蝙蝠同住一个岩洞,它们都使用声呐,但却互不干扰。人造声呐却很难排除声波折射和水下反响现象的干扰,甚至当信(号)噪(声)比仅为1∶1时,就已经不起作用了。

蝙蝠声呐还具有结构紧凑、体积小巧的特点。它最多不过几克重,体积几分之一立方厘米。而现代声呐和无线电波定位器却有几百、甚至几千千克重,体积也往往大至几百立方分米。人们模仿蝙蝠的定位系统,制成了盲人用的"探路仪"和"超声眼镜"。这两种仪器可以发射超声波、接收回声信号并将其转变为人耳能听到的声音。经过一定训练,盲人凭"听"声音就能知道路面情况,避开障碍物了。

声 纳

声呐是英文缩写"SONAR"的音译,其中文全称为:声音导航与测距,是一种利用声波在水下的传播特性,通过电声转换和信息处理,完成水下探测和通讯任务的电子设备。它有主动式和被动式两种类型，属于声学定位的范畴。声呐是利用水中声波对水下目标进行探测、定位和通信的电子设备，是水声学中应用最广泛、最重要的一种装置。声呐技术至今已有100年历史，它是1906年由英国海军的刘易斯·尼克森所发明。他发明的第一部声呐仪是一种被动式的聆听装置，主要用来侦测冰山。这种技术，到第一次世界大战时被应用到战场上，用来侦测潜藏在水底的潜水艇。

目前，声呐是各国海军进行水下监视使用的主要技术，用于对水下目标进行探测、分类、定位和跟踪；进行水下通信和导航，保障舰艇、反潜飞机和反潜直升机的战术机动和水中武器的使用。此外，声呐技术还广泛用于鱼雷制导、水雷引信，以及鱼群探测、海洋石油勘探、船舶导航、水下作业、水文测量和海底地质地貌的勘测等。

海豚的探测技术

海豚不仅以快速游泳著称，而且不管白天黑夜，水质清澈混浊，都能准确地捕到鱼，这是因为海豚具有超声波探测和导航的本领。无线电波在水中会被吸收，故无线电探测装置在水下无用武之地，相反超声波却在水下能远距离传播，且传播速度是空气中传播速度的4.5倍，因此水下超声波探测装置的效能极高。

海豚没有声带，其声音源来自它头部内的瓣膜和气囊系统，海豚把空气吸入气囊系统，连接它们的瓣膜，空气流过瓣膜的边缘发生振动，便会发出声波。海豚头的前部还有"脂肪瘤"，它紧靠瓣膜和气囊的前面，起着"声透镜"的作用，能把回声定位脉冲束聚焦后再定向发射出去，因此海豚的定位探测能力极强。它能分辨3千米以外鱼的性质，能侦察到15米外混水中2.5厘米长的小鱼。

现在模拟的海豚回声探测器已用于海洋舰船的航行，帮助轮船绕过浅滩和暗礁，探测海底深度，搜索潜艇，寻找打捞沉船，导航和探测鱼群等。潜水员随身携带的轻便回声探测器也已经诞生，利用耳朵就能探测水下的目标，就好像长了"第六种感觉器官"一样。

人们利用鱼类发出和接受超声波的特性，创造了简单又有效的声学渔具——拟饵钩。把两片凸形金属或塑料薄板固定成比目鱼形状，中间安装了

仿生学与定位

一个回形管,一端开口在前,另一端在后。当"比目鱼"在水中迅速运动时,通过回形管的水流产生超声波,便可诱来凶猛的鱼类。另一种由15片压成一叠的镍片套圈组成。这些金属薄片碰到鱼类发射的超声波时,能发出清晰的超声回声。鱼儿听到回声,便竞相游来,这样捕鱼效果便显著提高了。

超声波

超声波是频率高于20000赫兹的声波,它方向性好,穿透能力强,易于获得较集中的声能,在水中传播距离远,可用于测距、测速、清洗、焊接、碎石、杀菌消毒等。在医学、军事、工业、农业上有很多的应用。超声波因其频率下限大约等于人的听觉上限而得名。

研究超声波的产生、传播、接收,以及各种超声效应和应用的声学分支叫超声学。产生超声波的装置有机械型超声发生器(例如气哨、汽笛和液哨等)、利用电磁感应和电磁作用原理制成的电动超声发生器,以及利用压电晶体的电致伸缩效应和铁磁物质的磁致伸缩效应制成的电声换能器等。

竖起来的耳朵

一些动物,例如牛、鹿、马、长颈鹿等都有较大的耳朵,耳的直径越大,它增强信号的能力就越显著;耳朵在长度上增加时,"竖起耳朵听"就能探测一个水平的扇形区域,听到可疑的声音,再把耳朵变换一个位置,又探测一个垂直的扇形区域,这样,就为准确确定声源创造了条件。

根据这个原理,把无线电定位器的天线加长,一根天线水平

鹿

安装，另一根垂直，结果提高了探测目标的准确度。

在夜间捕食的大多数动物，一般都有较大的耳朵和灵敏的听觉中枢。就以非洲发现的土猪为例，这种土猪体重有150磅（67.5千克），却以食蚂蚁为生。它有一对耳朵和一个笨重的长鼻子，这种外貌使它活像驴子、兔和猪杂交后的产物，别看它长相奇丑，然而却是非常有本领的动物之一。它那善于四方转动的长耳朵可以听到物体内白蚁的活动声，在静寂的夜晚，当土猪听到这些声音后，就毫不留情地把它们挖出来吃得精光。

指　猴

还有一些习性行为相类似的其他动物，例如指猴，它能听到钻木甲虫幼体的活动声，继而用前肢上很细的中指将它们挖出来。更奇妙的是非洲的蝙蝠耳狐，它以吃白蚁和其他昆虫为生，偶尔也吃水果或小脊椎动物，它的每只耳朵和头一样大。非洲北部的一种小狐也有同样大的耳朵，并且是一个出色的搜捕者，在黑暗中它能听到鼠类、鸟类、蜥蜴或昆虫发出的最轻微的活动声，甚至能听到它们的呼吸声。

经常生活在地洞中的动物（像鼹鼠）和一些在夜间离开巢穴的动物，几乎看不见它的耳朵，只有一个没有耳廓的小孔，有的还被软毛覆盖着，那些软毛可以防止洞穴中的灰尘堵塞耳朵。

当然，这种结构对听觉有一定影响，但它可以得到从地面传来的、通过骨骼和颅骨直接达到内耳的低频振动，从而补偿结构上的不足。

# 仿生与信息控制
FANGSHENG YU XINXI KONGZHI

信息与控制仿生是研究与模拟感觉器官、神经元与神经网络以及高级中枢的智能活动等方面生物体中的信息处理过程。例如，根据象鼻虫视动反应制成的"自相关测速仪"可测定飞机着陆速度。根据鲎复眼视网膜侧抑制网络的工作原理，研制成功可增强图像轮廓、提高反差从而有助于模糊目标检测的一些装置。已建立的神经元模型达100种以上，并在此基础上构造出新型计算机。

味道接收器的启示

如果你感冒，鼻子不通，吃起东西来就不会觉得有滋味。舌苔很厚，饮食也不会觉得有味。高明的厨师烹调一定讲究色香味齐全。通过视觉、嗅觉和味觉的综合作用促使胃口大开，远比单一感觉的效果要好。事实上味觉和嗅觉是如此的相似，以致一些低等动物对化学物质的感觉很难分清嗅与味的界线。嗅觉和味觉都是化学性感觉，都是化学分子与感觉器官相接触产生电信号，传给大脑形成感觉。所不同的是你可以离李子较远而闻到李子的香味，但是，你要知道李子的味道就非得亲口去尝一尝。

人和哺乳动物的味觉感受器主要是分布在舌背面的味蕾。舌背面有许多

细小的突起，叫乳突。它可分为 3 种：轮廓乳突，分布在舌根部，约有 8～12 个，排列成倒"八"字形；菌状乳头，分布在舌尖和舌的边缘部，这两种乳突里面，味蕾很多，丝状乳突没有味蕾；此外，还有一种叶状乳突，普通哺乳动物都有，但人类则已退化掉，这种乳突也含味蕾。乳突中散布有神经纤维。味蕾在口腔黏膜的其他部位也有分布。味蕾呈球状，由 2～12 个纺锤状的味细胞和支柱细胞构成，味细胞上有刚毛突出在味蕾上方的味孔处。味觉有探测溶解在水中的物质的能力。一种特定的食物味道取决于它对几种味蕾的联合效应。人有 4 种基本味觉，即酸、甜、苦、咸，加上辣合称五味。

一般舌尖主要感觉甜味，舌的边缘感觉酸味，舌根主要感觉苦味，咸味则整条舌都能感觉。人舌非但能尝出何种味道，而且还能尝出这种味的浓淡，一直到现在，国际上名酒等饮食评比，都还是以人的品尝为主。人的味蕾约有 10000 多个，动物中兔子约有 17000 个，牛有 25000 个左右，鸟舌中味蕾较少，一般只有 20～60 个。但是鸽子能尝出一粒谷中富含蛋白质的部分和富含淀粉的部分。并不是所有的动物都有舌，也不是所有的味感觉器都分布在口中。原生动物和海绵用整个身体去尝味。

苍蝇的口器上有一片海绵状小板，叫唇瓣，苍蝇用它不断地到处伸探。科学家把唇瓣上一根细毛放入糖液中，并使它接上微电极，可立即在电流计中看到反应，说明苍蝇感到味道，正在作出反应。苍蝇的前足上也有感觉毛，它们也可用足来品尝食物，苍蝇前足对糖的敏感度比口器强 5 倍。蝴蝶的足上也有味感觉毛。有些鱼类的触须具有味觉。圆头鲶能觉察到头前较远处向己游来的猎物，如果破坏它的嗅神经，它仍然保持这种能力。

但是，如果破坏它的味神经，这种能力立即消失。淡水鱼的味蕾多数分布在鳃腔内，当水流经鳃腔，同时也经过味蕾，产生味觉。有些鱼类数千个味蕾散布于全身，以此探测整个水域。鲇鱼几乎盲目，它靠味觉来获取食物，而靠嗅觉来维持其群体生活。

在蜥蜴和一些蛇类的鼻腔下面，具有 1 对由口腔背壁向腭部内凹的弯曲小管，叫锄鼻器或贾科勃森氏器。管内有许多与鼻腔中的细胞相似的感觉细胞，并且通过嗅神经的大量分支与脑联系，并有眼腺分泌物润滑，就像唾液腺分泌湿润口腔一样。由于毒蛇的唾液腺已演化成毒腺，因此，眼腺可能是替代唾液腺分泌，起湿润毒蛇口腔的作用。只要空气中所含的少量化学分子通过锄鼻器，就能分辨这些分子是什么物质，可见它有辅助嗅觉的作用。但是，锄鼻器的末端是一盲端，没有导向体外的开孔，只有开口于口腔的孔，

蛇不断地用它那分叉的舌头伸出口外，探测空气中的气味，当舌摄取到空气中的化学分子后，便迅速将舌回缩入口，到锄鼻器中，产生味觉。

刚出生的小蛇虽然从未吃过任何东西，但是，对浸在水中小动物的皮肤，也会吐出舌头，作出进攻的反应。因此，很难分清锄鼻器究竟是嗅觉器官抑或是味觉器官，这也说明很多动物的嗅觉和味觉往往是混杂在一起的，因为，它们都靠化学分析的方法起作用。

鲨鱼对血腥特别敏感，海水中只要有一些新鲜血液，就会引来鲨鱼，这究竟是由于血腥的气味，还是血腥的味道在起作用，确实不易说清，不过有一点是可以肯定的，就是嗅觉和味觉综合作用要比单独作用的效能要大得多。

人们研究动物的味觉器官和嗅觉器官对研制理想的气体分析仪器是有益的。人们研究和模拟苍蝇的这些感觉器官而制成小巧而灵敏的气体分析仪，已被应用于宇宙飞船的座舱中，用来监测气体；也应用于分析气体的电子计算机上，对气体进行精密的分析；还用来监测潜水艇和矿井等逸出的气体，以便及时发出警报。

舌头的语言

舌尖两侧对咸敏感，舌体两侧对酸敏感，舌根对苦的感受性最强，舌尖对甜敏感。不同的味觉对人的生命活动起着信号的作用：甜味是需要补充热量的信号；酸味是新陈代谢加速和食物变质的信号；咸味是帮助保持体液平衡的信号；苦味是保护人体不受有害物质危害的信号；而鲜味则是蛋白质来源的信号。

味蕾对各种味的敏感程度也不同。人分辨苦味的本领最高，其次为酸味，再次为咸味，而甜味则是最差的。味蕾中有许多受体，这些受体对不同的味具有特异性，比如苦味受体只接受苦味配体。当受体与相应的配体结合后，便产生了兴奋性冲动，此冲动通过神经传入中枢神经，于是人便会感受到不同性质的味道。

动物的温度启示

夏天的夜晚，甲乙两人同睡在一间房内，灯刚关掉，讨厌的蚊虫就嗡嗡地在人耳边侵扰，一只蚊虫刚停落在甲的脸颊上，甲觉得被叮了一下，立即用手打去，将蚊虫打死。甲高兴地喊道："哈！我打死了一只雌蚊虫。"乙听罢，不能理解，认为房间内是黑暗的，伸手不见五指，又怎能看清蚊虫的雌雄，甲说打死一只雌蚊虫，纯粹是胡乱瞎猜，便嘲笑甲道："老兄的眼睛真行，竟然能在黑暗中看清蚊虫的雌雄！"事实上，甲打死的确实是只雌蚊虫，不过甲不是用眼去看清，而是用他掌握的知识去作出的正确判断，因为只有雌蚊虫才吸血，而雄蚊虫只是吸吮植物的汁液。

在黑暗中甲是看不见蚊虫的，他所以能发觉有蚊虫，首先是蚊虫发出的嗡嗡声，然后是脸上被蚊虫叮咬的感觉。蚊虫在黑暗中同样也看不见甲，然而蚊虫又是怎样会发觉甲的呢？不是甲发出的声音，也不是甲的气味，更不是蚊虫瞎碰乱撞，而是蚊虫对甲身上发出的热的感应。

人和所有温血动物一样，体温都是相对恒定的。也就是说机体所产生的热和散发的热基本相等，由于温血动物产热率相对稳定，因此有皮肤、汗腺和肺等散热调节与产热恒定相适应，从而使体温保持在相对恒定的、稍高于环境温度的水平，这是由于机体在冷环境温度下散热容易，在低于环境温度下生活，会引起"过热"而致死。人体散热主要是皮肤的辐射热和汗腺的蒸发热，其次是肺通过呼吸散发部分热。

温血动物的辐射热其实是一种红外线，亦称红外光，在电磁波谱中，波长介于红光和微波间的电磁辐射，它是一种肉眼看不见的光，但是有显著的热效应，人们用特殊的灯照射物体，用滤镜挡住所有肉眼可见的光，只让红外线透出，通过红外线望远镜，如军用窥探望远镜和瞄准望远镜等才可看见。

但是，在自然界，有不少动物具有能接收红外线信息的结构。雌蚊虫的红外线探测器是它的触角，呈环毛状。雌蚊虫觅食时，不断地转动一对触角，当两条触角接收到的辐射热相同时，就知道可被吮血的温血动物就在正前方，雌蚊虫就朝目标飞去。根据离热源愈近，所接收到辐射热愈多的原理，就能准确地测知辐射热源的方位。

蛇类中有一些蛇，如产于美洲、尾端有角质环、摆动时能作响声的响尾

仿生与信息控制

蛇，广布于我国的蝮蛇，吻鼻部向上翘起的五步蛇，美丽的竹叶青蛇和头似烙铁的烙铁头等，在眼睛与鼻孔之间有一凹窝叫颊窝，就具有极灵敏的红外线感受作用。将一条蒙住双眼的响尾蛇放在两只灯泡的下面，灯泡不亮时，响尾蛇毫无反应，显得很安静，当开亮其中一只灯泡时，响尾蛇立即昂首张口朝着它，显得异常兴奋，而对那只不亮的灯泡不予理睬。将颊窝神经暴露出来，插上微电极，将颊窝神经细胞的电变化引导出来，显示在示波器上，然后给颊窝加以化学、声音和机械等多种刺激，在示波器上没有显示出脉冲变化。

但是，当用手或热的物体去靠近它时，示波器上立即显示出强烈的脉冲变化，表明它处于兴奋状态。颊窝能感受到 0.001℃ 的温度升高，并在 35 毫秒内做出反应，而且具有极高的抗干扰能力和分辨能力，并能在环境温度下起作用。颊窝被一层薄膜分隔成内外两个小腔。内腔以小孔开口于皮肤，使内腔与环境的温度一致，并可调节内外腔间的压力。颊窝上密布有三叉神经末梢质体，为红外感受单位，包含有许多线粒体。颊窝膜表面每平方毫米约有 1000 个红外感受单位。外腔方向指向前方，当热量到达颊窝时，窝内的空气膨胀，颊窝膜两侧温度就不同，神经末梢便兴奋，刺激神经细胞，产生脉冲传给脑中枢，信息加工后，脑中枢便发出攻击猎物的命令。在电子显微镜下，可以见到神经末梢受刺激后，线粒体的形态发生改变，线粒体可能构成初级红外感受器。

目前对颊窝的灵敏度已能测检，但对其机制还不完全了解，有颊窝的蛇靠它的颊窝感觉在黑夜中猎食，颊窝接受来自前方的辐射热，左右两个颊窝的感觉场是重叠的，并且有一定的感觉距离。通常蛇体盘起时比游动中感觉距离要远一些，只要感觉到有比环境温度稍差异的物体都会引起蛇的注意。蟒蛇的红外感受器在头的正面和唇边，叫唇窝。深海乌贼的红外感受器在尾部的下表面，叫热视眼。此外，鸡虱、臭虫、蚂蚁等动物都有感受红外辐射的能力。

人们已经制造出灵敏的量热、温度计和红外探测装置等。例如响尾蛇导弹，是一种空对空导弹，就是将红外探测器配备在歼击机的弹头上，它可以追踪敌机发动机散发热和喷出的废气时所发出的红外线而准确地击中敌机。以红外、电子等技术为依据的公共安全技术产品是目前世界上发展最快的新兴产业之一。

动物体内有个钟

在印度班加罗尔城，有一只猴子和一条狗经常按时定点在一起相会。每天上午9时30分，猴子就先来到路旁的树荫下等着了；接着，一条狗也摇着尾巴跑来。于是，猴子就骑上狗背，一起上街游逛。这一对奇怪的伙伴，吸引着人们跟着围观。说来有趣，它们天天聚会，老时间、老地方，从不失约、也不迟到，好像它们都懂得看钟表似的。

这件有趣而古怪的事儿是怎么一回事呢？科学家认为，这一对伙伴的协调行为，是由于它们身上有一种"生物钟"在指导着各自的行动。"生物钟"长在哪儿？科学家经过多次实验，在蟑螂的咽下找到一种神经节。它的侧面和腹面有一群神经分泌细胞，分泌激素，指示蟑螂的活动和休息。哺乳动物的生物钟结构就更复杂了。科学家认为，在延髓和下丘脑里的神经细胞是"钟"的主体，而身体其他部分的组织细胞中，也有独立运转的"子钟"，它们同时在摆动和变化中。

人们在探索生物钟的秘密中，发现各种生物的习性和生活功能，都受着自然节律的支配。大西洋的沙蚕，每年常常群集在百慕大附近海面，时间都是在满月后3天，日落后54分，不早也不迟。招潮蟹能根据阳光来改变颜色，又能按照月亮升落，随潮汐涨退来支配觅食或休息的时间。最近的研究还表明，"生物钟"与光线固然有重要关联，同黑夜却有着更紧密的联系。生物在长期的生活过程中，生理上不断调节，逐渐形成了昼夜和季节性的节律。猴子和狗的准时约会，就是它们身上的"生物钟"相适应的结果。

在实验中，人们还发现，用人造的昼夜来改变"生物钟"的摆，会产生意想不到的效果。人工缩短黑夜时间，能使母鸡多产蛋30%～40%，鹅鸭产蛋量多2～3倍；使牛羊发情期延长，交配的次数和繁殖的数量增多，牛奶的产量也提高了。而人工缩短白天时间，能使鸡长肥，猪长膘，使羊和狼狐等长毛快。

科学家正在试图利用"生物钟"的作用来控制有害昆虫的生存。如调拨蚊子的生物钟，使他们在缺乏食物和温度不适宜的季节里成熟，从而不能生存。用杀虫剂喷洒苍蝇，下午喷洒，死亡率最高，这正是它们一天最活跃的时间。

仿生与信息控制

生物钟

生物钟又称生理钟。它是生物体内的一种无形的"时钟",实际上是生物体生命活动的内在节律性,它是由生物体内的时间结构序所决定。通过研究生物钟,目前已产生了时辰生物学、时辰药理学和时辰治疗学等新学科。可见,研究生物钟,在医学上有着重要的意义,并对生物学的基础理论研究起着促进作用。

生物钟是受大脑的下丘脑"视交叉上核"(简称SCN)控制的,和所有的哺乳动物一样,人类大脑中SCN所在的那片区域也正处在口腔上腭上方,我们有昼夜节律的睡眠,清醒和饮食行为都归因于生物钟作用。

苍蝇的复眼

人的眼睛是球形的,苍蝇的眼睛却是半球形的。蝇眼不能像人眼那样转动,苍蝇看东西,要靠脖子和身子灵活转动,才能把眼睛朝向物体。苍蝇的眼睛没有眼窝,没有眼皮也没有眼球,眼睛外层的角膜是直接与头部的表面连在一起的。

从外面看上去,蝇眼表面(角膜)是光滑平整的,如果把它放在显微镜下,人们就会发现蝇眼是由许多个小六角形的结构拼成的。每个小六角形都是一只小眼睛,科学家把它们叫做小眼。在一只蝇眼里,有3000多只小眼,一双蝇眼就有6000多只小眼。这样由许多小眼构成的眼睛,叫做复眼。

蝇眼中的每只小眼都自成体系,都有由角膜和晶维组成的成像系统,有由对光敏感的视觉细胞构成的视网

蝇 眼

膜，还有通向脑的视神经。因此，每只小眼都单独看东西。科学家曾做过实验：把蝇眼的角膜剥离下来作照相镜头，放在显微镜下照相，一下子就可以照出几百个相同的像。

世界上，长有复眼的动物可多了，差不多有 1/4 的动物是用复眼看东西的。像常见的蜻蜓、蜜蜂、萤火虫、金龟子、蚊子、蛾子等昆虫，以及虾、蟹等甲壳动物都长着复眼。

科学家对蝇眼发生兴趣，还由于蝇眼有许多令人惊异的功能。如果人的头部不动，眼睛能看到的范围不会超过 180°，身体背后有东西看不到。可是，苍蝇的眼睛能看到 350°，差不多可以看一圈，只差脑后勺边很窄的一小条看不见。

人眼只能看到可见光，而蝇眼却能看到人眼看不见的紫外光。要看快速运动的物体，人眼就更比不上蝇眼了。一般说来，人眼要用 0.05 秒才能看清楚物体的轮廓，而蝇眼只要 0.01 秒就行了。

蝇眼还是一个天然测速仪，能随时测出自己的飞行速度，因此能够在快速飞行中追踪目标。根据这种原理，目前人们研制出了一种测量飞机相对于地面的速度的电子仪器，叫做"飞机地速指示器"，已在飞机上试用。这种仪器的构造，简单说来就是：在机身上安装两个互成一定角度的光电接收器（或在机头、机尾各装一个光电接收器），依次接收地面上同一点的光信号。根据两个接收器收到信号的时间差，并测量当时的飞行高度，经过电子计算机的计算，即可在仪表上指示出飞机相对于地面的飞行速度了。眼睛所看到的，是通过光传导的信息。不过眼睛并没有把它所看到的全部信息都上报给大脑，而是经过挑选把少量最重要的信息传给大脑。蝇眼这种接收及处理信息的能力，比人们制造出来的任何自动控制机都要高明。

现在研究人员还模仿苍蝇的联立型复眼光学系统的结构与功能特点，用许多块具有特定性质的小透镜，将它们有规则地紧密排列黏合起来，制成了"复眼透镜"，也叫"蝇眼透镜"。用它作镜头可以制成"复眼照相机"，一次就能照出千百张相同的像来，用这种照相机可以进行邮票印刷的制版工作。如果一块版上印 25 张邮票，一次拍照就可以制成一块版，而不必像用普通照相机那样，要一张张地拍照 25 次。如果用在邮票套色印刷中，那就更方便，可以减少近百次的拍照。复眼照相机还可用来大量复制集成电路的模板，工效与质量将大大提高。

仿生与信息控制

蛙眼的跟踪技术

青蛙的眼睛有个突出的特点，就是它能极其灵敏地看出飞动着的食物（虫子）和天敌（捕食青蛙的猛禽）。

人们根据上述研究，对蛙眼进行了电子模拟，首先制造了粗糙的"昆虫检测器"模型。这个模型应用了7个光电管和1个模仿生物神经元的人造神经元。其中外围6个光电管的信号为人造神经元的兴奋输入，而中央光电管的信号为抑制输入，它使所有光电管均匀照亮时人造神经元的输出为零。如果运动着的物体产生的阴影遮住了外围光电管中的一个，输出信号为负；如果物体遮住中央元件，则输出信号为正。这样的装置可用在保证对准中心的线路中。在这种情况下，只有当中心对准——遮住中央那个光管时，输出才达到最大值。

根据在青蛙视网膜上发现的4种图像特征抽取过程，人们还设计了模拟青蛙视觉系统许多定性和定量性质的蛙眼电子模型。这一模型对定向研制监视、侦察和车辆引导装置前进极有意义。例如，我们知道，雷达手必须跟踪雷达屏上光点的位置和运动，并预报哪架飞机首先到达某个"临界位置"和出现在机场的着陆区。这样的电子蛙眼用在机场上，它能监视起飞和降落的飞机。若发现飞机将要发生碰撞时能及时发出警报。在这个模型的基础上，人们又研制成功一种人造卫星和自反差跟踪系统。这真是：青蛙眼跟踪空中的飞蝇，电子蛙眼跟踪天上的卫星。

要解答这个问题，就得先从眼睛的构造和功能谈起。单就成像而言，眼睛很像一架照相机：从外界景物来的光线，通过类似镜头的晶状体成像，投射到相当于照相胶片的视网膜上。从整个视觉过程来看，眼睛又像一台机能完善、结构精巧的计算机；照相机只能把外界景物的影像映在胶片上，并使其感光；而眼睛视网膜中的感觉细胞，则要对影像进行一番严格的分析鉴别，抽提出其中有用的一部分信息，并将其转换成神经脉冲信号，由视神经上报给大脑，经过大脑的分析与综合后识别出景物的形象、色彩和运动的状况。所以说，眼睛是视觉信息的加工系统。它的作用很像信息处理机。

蛙眼视网膜共有5类作用不同的感觉细胞，它们能够分别抽提影像的不同特征。这就使得蛙眼视觉敏锐，能准确地发现具有特定形状的运动目标，迅速确定目标的位置、运动方向与速度。科学工作者是根据蛙眼的视觉原理，借助于电子技术，制成了多种不同用途的信息加工系统，并且把它们形象地称作"电子蛙眼"。这些"电子蛙眼"，或者本身已经是一台专用电子仪器，或者是某种电子仪器的一个部件，它们是用电子线路去模拟蛙眼视觉原理的。

来源于海洋生命的灵感

海豚对自身带电的鱼，采用2种方法猎取它们作为食物。其一，使鱼麻木，可以很容易地捕捉到它。其二，因为在鱼的附近电率不同，会发出弱脉冲，而使电场紊乱，这样就可以轻易地捕捉到。海豚的第二种行为展示了一种崭新的雷达方式。运用这种方式制造机场监视器，当旅客通过机场的大门时，如果有谁携带铁镍等制品，那么海关人员使用的蜂鸣器，就会立即发出响声，向检查人员报告。这种监视器的原理是利用电磁波检测出电场的紊乱。还可以在机场安装一种磁门。这种磁门可以检测每一个旅客的兜里装着什么东西。超声波的图像技术，最近得到了迅速的发展。

但是，同时改变振动超声波频率的这种调频技术，目前还不发达，研究得还不够。即使是把固定振动频率发射出去，由接收方面处理较简单的技术以及从电场紊乱中制作图像的技术也尚未进行研究。

人类可以凭借其智慧，去创造各种新的技术。但是自然界的动物中，还有许许多多人类目前还了解不到、认识不到的各种机能，因此需要人类认真调查、分析、模仿，去研究。这乃是补充人类智慧的捷径。

水母耳的由来

生活在沿海的渔民都知道，如果海鸥和其他鸟类一早就飞出去，深入海洋，则预示傍晚没有强风；若鸟类在弱风中徘徊岸边，或飞离海洋不远，便是风力即将加强的预兆；当鸟类大群地从海上飞回海岸，生活在近岸水域里小虾纷纷靠岸，鱼和水母成批地游向大海，则预示风暴的来临……

海洋漂浮生物水母（人们通常叫它海蜇）的听觉器官，能够听到低于20赫的声波叫做次声。海上发生风暴的时候，由空气和波浪摩擦产生的次声比风暴和波浪传播得快。水母平时喜欢漂浮在海岸边，当它听到风暴的次声，便立即游向大海，以免被风暴掀起的海边巨浪吞没。

仿生与信息控制

人们根据水母的听觉器官设计"水母耳"仪器,相当精确地模拟了水母感受次声波的器官。这种仪器由喇叭、接收次声波的共振器和把这种振动转变为电脉冲的电压变换器以及指示器组成。把这套设备安装在舰船前甲板上,喇叭作360°旋转。当它接受到813赫的次声波时,旋转自行停止——喇叭所指示的方向,就是风暴将来临的方向,指示器则指示风暴的强度。这种仪器可提前15小时作出预报。

广角鱼眼

鱼类眼睛的视角相当大,一般达160°~170°,甚至更大些。根据鱼眼成

水母

像的原理,研制出一种视角达180°的超广角镜,又叫"鱼眼镜头"。

近年来又研制出视角达270°的鱼眼镜头,它能够使整个空间的影像投射到小小的一块底片上。随着科学的发展,动物眼睛奥秘正在被一个个揭开,可以预言,其研究成果在生产、科学技术和国防等方面的应用,也将越来越广泛。

海蜇与风暴预测仪

海蜇是一种古老的海腔肠动物。它有一种高超的本领,这就是它那非常灵敏的"听觉"。原来在海蜇的8个触手上,生有许多小球,小球腔内生有砂粒般的"听石"。这小小的"听石"刺激球壁的神经感受器,就构成了海蜇的听觉。这种奇特的听觉,能听到人耳听不到的8~13赫兹的次声波。就是靠着这种本领,海蜇居然可以提前十几个小时预知海上风暴的到来!海蜇这种神奇的听觉在科学上很有价值。

自从仿生学作为一门独立的学科诞生以来,科学家们对海蜇的听觉进行了深入的研究。现在已经有人设计了模拟海蜇听觉器官的仪器,用来预测风暴,可以提前15小时作出风暴的预测。

水　母

　　水母是一种低等的海产无脊椎浮游动物，肉食动物，在分类学上隶属腔肠动物门（又称刺胞动物门）、钵水母纲，已知道的约有 200 种。水母一词广义也指具水母型（钟形或碟形）的刺胞动物，如水螅水母、管水母（包括僧帽水母）和不属钵水母纲的栉水母和海樽。本纲的水母分为两型：自由游泳的水母及营固着生活的种类（以柄栖附于海草及其他物体上）。营固着生活的形似水螅的种类构成十字水母目。水母的出现比恐龙还早，可追溯到 6.5 亿年前。水母的种类很多，全世界大约有 250 种左右，直径从 10 厘米到 100 厘米之间，常见于各地的海洋中。水母身体的主要成分是水，其体内含水量一般可达百分之九十七以上，并由内外两胚层所组成，两层间有一个很厚的中胶层，不但透明，而且有漂浮作用。它们在运动之时，利用体内喷水反射前进，就好像一顶圆伞在水中迅速漂游。

模拟狗鼻子的电子警犬

狗

　　狗的嗅觉比人灵敏 100 倍，根据气味，狗几乎可以找到任何要找的东西。经过训练的警犬更加给人以启示。模拟警犬的嗅觉，人们制成了一种电子仪器——"电子警犬"，已经在化工厂用作检测过氯乙烯毒气，测定浓度达到千万分之一。

　　该仪器的工作原理，是基于不同物质对紫外线的选择性吸收：当气味物质从紫外灯与检测器之间通过时，一部分紫外线被吸收，这样便可确定物质的性质和浓度。这种"电子警犬"可以检测染料、漆、树脂、酸、氨、苯、瓦斯以及新鲜的苹果和香蕉的气味，其灵敏度已经达到狗鼻子的水平。另一种在某些方面比狗鼻子灵敏 1000 倍的"电子

仿生与信息控制

警犬",也已用于侦缉工作。

为什么动物鼻子比人灵

为什么很多动物的嗅觉器官比人类发达呢?从解剖学的观点看,人脑属于"新脑",大脑皮质高度发达,而嗅叶则萎缩,仅留下一个很小的嗅球,鼻腔内,嗅膜面积约为5平方厘米,嗅觉细胞约有5000000个。而动物脑属于"古脑",很多哺乳动物的大脑有很大的嗅叶,鼻腔因嗅觉需要,充分发育,鼻内有较大的嗅区。就拿狗来说,鼻腔内嗅膜面积占150平方厘米,嗅觉细胞竟达220000000个之多!

嗅觉是怎样引起的?当空气中的气味分子接触嗅觉感受器后,就刺激嗅觉细胞,嗅觉细胞将刺激迅速转换为输入脉冲信号,由嗅觉神经传到大脑嗅区。动物的嗅觉之所以特别灵敏,不但说明动物的嗅觉感受器有极其敏感的接受能力,也告诉我们:动物大脑的嗅区有高超的终端识别力。

奇妙的生物电

睡眠机

仿生学工作者,研究了生物电流之后,从中得到许多启发,在实际应用中已经得到了神奇的效果。大家都知道:人的一生有1/3的时间是睡眠中度过的,睡眠的好坏影响到第二天的工作、学习和情绪。患有神经官能症或其他神经性疾病的人,常常因无法迅速入睡而苦恼。有些人甚至服用安眠药物也未见显著效果,反而引起一系列副作用。

有些婴儿也常常因为睡眠不好,在夜间惊醒,久哭不睡,妨碍健康,同时也影响大人的休息。有经验的母亲,在促使婴孩入睡时,常常发出低沉的哼哼声,像一支催眠曲,很快使婴孩入睡。这是什么道理呢?原来温柔亲切的催眠曲或者火车车轮有节奏的撞击声以及其他许多单调重复的声音,传到人耳朵后,在听神经处产生了一种生物电,通过听神经很弱的生物电流传到大脑而引起人睡眠的渴望。科学家把这种有促进睡眠的电波描记下来，并仿照它制成一种"电睡眠机"。只要将电睡眠机的电极连接在患者的脑袋上，便可以使他在较长时间内酣睡不醒。

电控假手

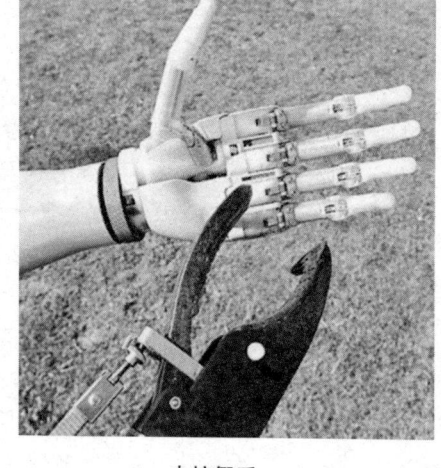

电控假手

此外，生物电还可以进行遥控。生物的一举一动，都是生物电在起作用。例如人脑发给肌肉电信号，肌肉才能动作起来。试验证明，信号到达手臂肌肉表面后，要迟滞50～80毫秒，手才实际运动。当飞机驾驶员在高速歼击机上发射导弹时，要求迅速抓住战机，反应越快越好。但是人体肌肉有迟滞性，反应常常不及时，于是人们就研制由生物电控制的假手、假脚以及假人来发射导弹。

再者，航天飞机在超重时，宇航员行动困难，无法紧急操纵，因此人们设计一种肌电极给以电信号，然后放大处理再发给伺服控制器去调节开关，既快又稳。这样，通过生物电遥控，将来人们只要用脑子就可以操纵飞机、宇宙飞船、潜水艇以及做其他各种工作。

生物电

生物的器官、组织和细胞在生命活动过程中发生的电位和极性变化。它是生命活动过程中的一类物理、物理－化学变化，是正常生理活动的表现，也是生物活组织的一个基本特征。

生物体内广泛、繁杂的电现象是正常生理活动的反映，在一定条件下，从统计意义上说生物电是有规律的：一定的生理过程，对应着一定的电反应。因此，依据生物电的变化可以推知生理过程是否处于正常状态，如心电图、

仿生与信息控制

脑电图、肌电图等生物电信息的检测等。反之，当把一定强度、频率的电信号输入到特定的组织部位，则又可以影响其生理状态，如用"心脏起搏器"可使一时失控的心脏恢复其正常节律活动。应用脑的电刺激术（EBS）可医治某些脑疾患。

黑夜里的眼睛

虽然动物的运动速度——跑、游水、或飞翔能力——使它可以逃避敌害或搜寻食物，但是毫无疑问，大多数动物中最重要的生存特点还是听觉、视觉和嗅觉等警戒感觉器官，尤其是夜间动物，它们必须极大限度地使用这些器官。所以，当我们在不同的动物身上检查这些感觉器官时，就能得到一幅它们生活方式的清楚的图画。

在最暗淡的光线下，眼睛用来辨别动作、反差、形状、距离和位置；当光线较亮时，眼睛还可辨别阴影、颜色和亮度。借助于记忆，所有这一切能使动物决定自己是在什么地方，判断它看见的危险是迫在眉睫，还是离得较远。如果视觉有障碍，其他感觉器官就开动起来。听觉和嗅觉也能检测危险，有时甚至可以判断距离，但是这些感觉器官常受到风、声音和其他因素的干扰。因此，对动物来说，夜视是关系到存亡的一个极为重要的条件。

灵敏的眼睛

眼睛是一个非常精密而又复杂的器官，它好像电视照相机，能把接受的光沿着神经传递到脑，恰如一个影像能沿着电视照相机的线路被输送到与之相应的发射机和接收机。但在显微镜下观察，这个装置非常复杂，目前我们对神经系统的整个线路还不十分清楚，但肯定要比人们所设计的任何电子系统都要复杂。

在显微镜下，我们可以看到眼的视网膜上有两类感光细胞，每一类都具有各自细微的神经末梢。在1平方毫米的视网膜上，聚集着几千个这种感光细胞，这就是前面提到过的视杆和视锥。多数动物的视网膜上有大量视杆细胞，它对光极为敏感，即使在弱光（甚至接近于黑暗）的情况下仍有感光作用。夜出活动的动物，视杆的这种高度灵敏性是由其他的特殊装置放大和协助所致。例如，晶状体能过滤紫外线和短波辐射，因此，可以保护灵敏的感光细胞。但是，红外线能通过晶状体和玻璃体而进入眼中，强烈的阳光就足以破坏一部分视网膜，所以人或多数动物都不愿直接注视极为耀眼的光源。

此外，还有一些装置用来调节到达感光细胞上光的数量，最熟知的就是瞳孔。在亮光中瞳孔缩小，在暗光中它就放大。例如人的瞳孔最大时直径可达 8 毫米，最小时直径为 2 毫米，因此瞳孔最大时的面积为最小时面积的 16 倍。一般说来，动物瞳孔虽不如人的瞳孔大，然而其调节范围有时却超过人的瞳孔。

这样，就可控制光线的数量。但是，外界环境中最暗与最亮的光强度差别可达 100 亿倍，如果光靠面积为 16∶1 的比例来调节是远远不够的。因此，不管是人的眼还是动物的眼，必须具有进一步控制和调节光强度的神经系统和化学机制。当光线照射视杆时，其中一部分就被极端灵敏的化学物质——视紫红质所吸收，然后视紫红质再分解为 2 种其他的化学物质：视黄醛和蛋白质。这个分解活动引起电脉冲传到脑，在接受一个影像的一只眼中，从全部视杆来的所有脉冲的总和就在脑中组成暗光图像。

不同种类的动物视网膜感受器的大小都有差别，一般视锥总是比视杆大。了解这一点是很重要的。通过放大镜看一幅报纸插图时，可以看到它是由无数小点组成的。如果这些小点非常小，这张图画就能表示出大量的细节，如果这些点很粗糙，那么这幅画的细节就表示不出来。对眼睛来说也是一样。

如果感受器很小，在 1 平方毫米的面积内聚集着几万个，那么感受器在脑中形成影像的轮廓和细节都很分明；如果感受器很粗糙，特别是视杆，则将产生一个非常模糊的影像。

但是，这些粗糙的感受器有一个优点。感受器越大，它所包含的视紫红质越多，即使在暗淡的光线下也能比较灵敏地视物。我们发现，动物视网膜上的感受器，每平方毫米有 10000～1000000 个，这种性质的排列在视觉中是非常突出的，并且可以肯定，任何特殊的动物都已进化到这种阶段：其感受器的大小和类型能最好地适应于它的生活方式。

在某些鸟类和爬行动物眼中，光线在达到视杆和视锥以前，在通过视网膜各层的通道所遇到的一个特别好的滤波器是位于感光细胞顶端的小油滴。在青蛙视网膜中，这些油滴状物呈浅白色，而某些动物的小油滴有深的色素。因为照射到感光细胞上的光必须通过它，所以它就会滤掉一些短波的光。鱼类眼睛里没有油滴状结构，但是，有些鱼的视锥细胞顶端有椭圆状的透明球状物。它们最重要的特征是含有色素，所以也像其他动物的油滴一样能吸收

仿生与信息控制

短波光线，并和眼的其他部位一起，使达到网膜的光线恰到好处。

奇妙的反射镜

反光组织是在暗淡的光线下增强眼睛效力的一个装置，它是位于视网膜后面的一层像镜子一样的膜。因为视网膜是透明的，所以达到视网膜上的光只有很小一部分被它吸收和利用，其余的就直线通过。反光组织则把这些没有利用的光反射回来，使视网膜上的感受器得到双重的光线。而未被感受器重新吸收的反射光仍沿着入射线的相反方向射出眼外，这就是当一只动物在汽车灯光的照射下，坐车人所以能看到它眼睛闪闪发光的原因。没有反光组织的任何动物，感受器吸收后的余光就在视网膜后面的组织中消失，所以，反光组织的效力像是在银幕后面放一个镜子，进来的光一点也不会漏掉。

反光组织看起来是一个简单的装置，但是，在许多情况下，大自然已经把它变为一个高度成熟的机械和化学仪器。在哺乳动物眼中，它是由具有高度反射性能的细胞或纤维层组成，构造非常简单。然而在鱼类和鳄鱼眼中，它的效力却非常大，因为它们的反光组织中含有鸟嘌呤结晶——像在鱼鳞中看到的一种发光的银色化学物质。在某些硬骨鱼和鲨鱼的反光组织中，这些结晶以一种与黑色素交叉排列的方式进行工作，当光的强度增加时，色素就渗入银色化学物质中以阻止其反射能力，同时也起到覆盖和保护视杆的作用。当光线减弱时，银色反光组织上的色素消失，视杆也就与色素分开，从而获得必需的光亮。在某些没有鸟嘌呤类型的反光组织的动物眼中，也有保护性色素的迁移和视杆的运动。

某些鲨鱼的反光组织排列得更为精巧。银色的结晶形成板状与视网膜细胞成45°的夹角。当光线太亮时，保护性色素就溢出到成角度的镜子上将其遮盖，当光线减弱时，色素就从这镜子上离开。整个动物界有各种形式的反光组织，虽然这些反光组织的效力各不相同，但都是暗适应的结果——增强大海深处或夜间森林阴暗处的微弱光线。

因为反光组织增加了射到视网膜上的光量，所以当强烈的汽车灯光直射到动物时，不仅它的眼睛被照得眼花缭乱，甚至会惊慌得发呆。此时，汽车驾驶员不能期望它会自行躲避，因为它连逃窜的路也看不见了。

在哺乳动物中发现，各种反光组织仅仅是由在视网膜后面的细胞或纤维层组成的。在这两种类型中特别有趣的是，纤维型反光组织只在被追捕的动物——有蹄类动物的眼中发现，如牛、鹿和山羊；而细胞型反光组织则在追捕动物眼中发现，如狮子、猫、狗、海豹和熊。一般说来，夜出活动的动物才有反光组织，某些哺乳动物在出世时没有反光组织，以后才发育而成。许多没有反光组织的动物在夜间如果遇到汽车灯光，它们的眼睛也会发光。例如有些啮齿类、蝙蝠、有袋类、蛇类、蟾蜍和鸟类。其原因可能仅仅是由一层薄膜反射而成，这些薄膜覆盖着视网膜后面的血管，还不知道它是否充当一部分反光组织。

多形的瞳孔

如果没有一定形式的保护，突然遇到极亮的光照，灵敏眼睛的一切优点就发挥不了什么作用。所以人们往往喜欢戴墨镜来保护自己的眼睛，防止眼睛受强光照射是非常重要的，因为强光将破坏视杆中的化学物质，光线越强、时间越长，破坏就越厉害，从而恢复到原来状态所需的时间也就越长，这在野生动物中甚至可能造成致命的危险。

渗到反光组织里的许多保护性色素对防止强光是十分必需的。当光线较强时，瞳孔的收缩是防护的第一线。瞳孔是位于有色虹膜中央的一个孔，光线通过它射到视网膜。它像照相机的光圈，瞳孔的直径缩小1/2，光的通透量大约减少到1/4。如果我们对着镜子观察，当强光照射眼睛时，就可看到瞳孔的收缩。可以推算出，如果瞳孔直径由8毫米缩小到2毫米，光的通透量只有未收缩时的6%。

人的瞳孔收缩是有极限的，和夜间动物相比，收缩速度也很慢。猫头鹰的瞳孔对光反应所产生缩小和散大的时间仅是人的1/2。做一个简便的实验，在鱼缸里养一只章鱼，并装一盏明亮的闪光灯。随着灯光的闪现和熄灭，可明显地看到章鱼的瞳孔在迅速地收缩和散大。

大多数动物的瞳孔是圆形的，这可能是动物界中最多的瞳孔形状。在夜间它们开得很大，而在光线强烈的白天，有些动物的瞳孔几乎收缩成一个针尖那么大的小孔。但这还不算小，例如鱼类为适应其在夜间觅食，发展了比较灵敏的视网膜，但当它们在白天游到明亮的水面时，用小圆形的瞳孔来保护视网膜显然是不够的，因而它们需要由一束环形肌所组成的结构把瞳孔收缩到最小限度，以致像紧闭的门缝一样。大多数动物都具有这种类型的瞳孔，根据它们的需要，这条缝可能是垂直的，也可能是水平的或斜的。

在强光和弱光两种情况下都能活动的动物身上，我们均可看到细长缝形状的瞳孔。水中的鲨鱼，陆上的家猫也许是大家所熟悉的例子。但是，还有无数其他的动物——两栖类、爬行类和哺乳类都具有这种类型的瞳孔。据我们所知，能收缩成细长缝的所有瞳孔，有阴暗的光线下就散大成圆形或近似于圆形。猫鲨瞳孔是最独特的，瞳孔的两边重叠起来，只在两端各产生一个极小极小的孔，这比一条普通的缝更为有效。

某些有蹄类（以马为例）有一层从瞳孔顶部悬挂下来的遮盖膜。它是虹膜上缘的附属物，当瞳孔闭合时，它碰到瞳孔的下沿，有前后留下一个孔的未遮盖区，这类动物就从这个区察看其周围发生的一切，以保持高度警惕。这个膜处于半舒张的松弛状态，当它收缩时，可以看到其瞳孔与猫鲨特别相似。北非野羊像所有的野山羊和绵羊一样有灵敏的视网膜，它由收缩成一条水平细缝的瞳孔保护着。

大眼睛与小头

在夜间，动物界充分利用大眼睛的特点，就足以补偿感受器的数量，产生一个较大的优质而清晰的影像。但是，较大的影像往往会把光线散播的范围扩大，而使其亮度减弱。这在白天影响还不大，到了夜间就成问题了，此时动物就以瞳孔的放大来弥补，让更多有效的光射入眼睛。瞳孔的直径增加4倍，进入眼睛光的数量就增加16倍。

由于小头限制了眼睛的大小，所以许多动物找到了另一种产生大影像的方法，就是使眼睛发展到头所能容纳的那么大，以致头的背部表面也成为眼睛的一部分，显然这种眼睛的活动范围就相应缩小，有的甚至完全不能动。但这种动物如有一个灵活的脖子，或本身并不需要大范围的视野，那么由于眼睛不能移动所引起的损失还是不大的。大的眼睛也意味着，动物的颅骨内就只有很小的空隙来装脑子，所以脑子的大小就受到严格的限制。

虽然眼的形状各不相同，但它们视觉的效力却有些相似，原因可能是由于眼球背面的弧度是相同的。猫头鹰眼睛的前后直径大，从晶状体和角膜到视网膜的距离比较长，所以产生一个大的影像。鱼的视觉系统情况不同，因为它们的眼睛与水相接触，水的折射率比空气大，就减低了角膜的视觉能力。但眼睛里面的晶状体有较大的折射率，它能补偿这个损失；又因为所有的视觉影像在水中比在空气中大，所以鱼类还能获得较大的影像。为了说明这一点，我们不妨举一个简单的例子。如猫头鹰的角膜放大率是5，晶状体的放大率是3，产生的影像值是15，因为晶状体进一步放大了由角膜产生的影像。如果是鱼的话，角膜的放大率是零，因为它是与水接触，但其晶状体的放大率是15，所以产生的影像值与猫头鹰是相同的。

许多夜出哺乳动物有特别大的眼睛，并有与眼相适应的头颅。菲律宾跗猴就是一个例子。另外，相似的动物还有中美和南美的夜猴，它可能是仅有的真正在夜间活动的猴子。

在脑子里发生了什么

一个视觉影像达到动物脑中所发生的过程包括很多的因素，在这里就不一一描述了。我们假设夜出觅食的蛇的两只眼睛，它在岩石上看到一只小壁虎，因此，在蛇的每只眼睛里就形成了这只壁虎的影像。这两个影像倒过来沿着神经传递到对侧脑半球，在它传递到大脑皮层的一部位以前，每个影像达到一个中枢，在这里发生复杂的综合，然后达到大脑皮层的枕叶。

在脑中，两个影像再倒过来适当地联合成一个影像，这是高等动物最简单的模型。看起来有些不必要的复杂，然而并不如此。为了记录如形状、密度、运动方向等特点和一大堆视觉中包含的其他微妙的因素，就要求有一个类似于计算机的成熟系统，所有这些因素都必须被包含在这个很短的通道内，许多动物的这个通道长度还不到一寸（约2.5厘米）。两个影像在皮层中联合至少要达到2个目的：①它产生了一个立体效应，使所看见的东西具有深度、厚度和丰满的感觉；②也增加了影像的鲜明性。如果我们看某一样暗淡的东西并且交替地开、闭一只眼睛，则同样能体会到这点。只睁开一只眼睛时，物体就远不及两只眼都视物时那么明亮。因为两只眼视物在皮层中就得到双重影像的刺激。人和最高等动物的脑的模型当然比刚才描述的复杂得多；动物的感觉器官本身不仅要适应于新的生活方式，而且它的脑必须沿着新的途径发展，才能更好地适应复杂的环境。

仿生与建筑
FANGSHENG YU JIANZHU

谈到造型，免不了要谈建筑，我们看到，动物中有层出不穷的建筑好手，这就引发了很多聪明人不断地从中获取建筑上的灵感，因此仿生建筑就出现了。

仿生建筑以生物界某些生物体功能组织和形象构成规律为研究对象，探寻自然界中科学合理的建造规律，并通过这些研究成果的运用来丰富和完善建筑的处理手法，促进建筑形体结构以及建筑功能布局等的高效设计和合理形成。从某个意义上说，仿生建筑也是绿色建筑，仿生技术手段也应属于绿色技术的范畴。建筑形式的仿生则最为常见，它不仅可以取得新颖的造型，而且往往也能为发挥新结构体系的作用创造出非凡的效果。

■ 动物的散热启示

兽类在散热方面有一系列的适应机制。例如有的动物是依靠减少体毛、增大皮肤表面积来实现的。如大象无毛，体表皮肤多皱纹，耳朵特别大，从而大大增加散热面。更多的动物是靠出汗来散热的。马皮肤中的汗腺特别丰富，奔跑中通过出汗可散发大量的热量。狗虽无汗腺，但它会伸出湿润的舌头靠喘气来散热；河马通过耳朵内流汗散热；牛则通过口、鼻和脚趾间流汗散热。多数兽类全身皮肤都有一些汗腺。兽类出汗可散发大量热量的机理已启发科学家设计出了一种"人工发汗材料",它能作为高效的耐高温材料。

现已研制出一种含有金属的陶瓷材料,当温度升到一定范围时,金属就会熔化,进一步汽化蒸发,就如出汗一样带走大量热量,从而保护材料在高温下不致被烧毁,保持外形尺寸不变。这种材料在航天等领域内有特殊用途,现已投入了应用。

狗散热

狗是很不耐热的动物因为狗不会出汗,也不会因为热而停止活动;狗的身体不能自我调节温度,狗也不会自己照顾自己及时补水;狗的汗腺全在舌头上,所以看到狗吐出舌头喘气说明狗很热,需要喝水降温或静下来停止活动;短鼻子的狗比长鼻子狗更怕热,更不容易散热。

狗正常的体温应该在37.8℃~39℃,体温到达40.65℃时内脏器官开始受损,体温到达41℃以上时就属于高度危险了。在高热的环境或者是高湿闷热气候下,最快20分钟就有可能使狗的身体系统衰竭而死亡,所以中暑是夏季或其他闷热天气条件下对狗健康的最大威胁。

坚固的蛋壳

生物在长期的进化过程中,为了适应生存原则,其形体的结构愈来愈科学,这就给我们很多启示。

例如:蛋壳、龟壳和贝壳等有弯曲的表面,它们虽薄,但却耐压。这种结构在工程上已得到广泛应用,北京车站大厅房顶就是采用这种薄壳结构,而具有海龟壳结构强度和形状的水下搜索艇也在进行试验。

鸡蛋的蛋壳,我们几乎天天都能见到,似乎没有什么大的用处。然而,以建筑师为职业的人,可把它视为至宝,因为它给建筑师以很大启示,为现代化建筑做出过不小的贡献。让我们先做一个小小的实验:取两只蛋壳,一只凸面向上,一只凹面向上,用两支削得不太尖的铅笔,从10厘米高处向蛋

仿生与建筑

壳落去。可以看到，铅笔与凸面向上的蛋壳撞击了一下，蛋壳并未被击碎，而凹面向上的蛋壳却被击破了。这说明蛋壳凸面向上的可以承受的力比四面向上的可以承受的力大得多。我们的祖先很早就发现了蛋壳的奥秘，并据此设计了凸面向上的石拱桥。

可别小看一座石拱桥，那里面还有相当大的学问呢！你看，一座石拱桥，当它受到向下的压力时，也同时受到两侧相邻石块的侧压力作用。由于石块的抗压强度很大，所以这个力能达到很大值。若石桥凹面向上，那么，当它受到向下的压力时，邻近的石块则产生拉力，由于石块的抗拉强度很低，所以凹面向上的石桥只能承受很小的力。这与蛋壳凸面向上不易击破，凹面向上不堪一击是同一个道理。

近几年来，建筑师又在蛋壳的启示下，设计了现代化的大型薄壳结构的建筑物。这种建筑物既坚固，又节省材料。我国北京火车站大厅房顶就是采用这种薄壳结构。屋顶那么薄，跨度那么大，整个大厅显得格外宽敞明亮、舒适美观。

最近，又有人模仿鸡蛋设计了一种特殊的房屋：外壳是钢铁制造的，"蛋白"用耐高温玻璃、石棉等制造，人则住在相当于"蛋黄的"的部分。这种房屋能抵抗强烈的地震，即使震翻了也能自动复原。屋内贮有氧气、水和食物，在与外界完全隔绝的情况下，7个人也能在里面生活1个星期。也有人按鸡蛋的构造原理和形状，建造了"气泡屋"作为学校校舍。另外，在建筑物中，也有像贝壳似的餐厅、杂技场和市场，这些结构既轻便坚固，又节省材料。

蛋壳的构成

一是由蛋白质纤维所构成的基质，然后才在这蛋白质基质上堆积钙质的结晶物，大约是以 1：50 的比例形成，最后才在蛋壳上覆上一层蛋白质的外膜，称为表层膜，具有保护蛋被微生物污染的作用。此基质可再区分为乳头状基质层与海绵状基质层，乳头状基质内接蛋壳膜。蛋壳上钙质的堆积起自于乳头状基质的核心，逐次形成圆锥状，其上端则紧密连接海绵基质层，钙质在海绵基质上有方向性的向蛋壳表面形成钙结晶而堆积。因此，基质会直接影响蛋壳的品质，而此基质主要是由蛋白质及粘多糖类所形成。

植物是个建筑师

植物在经常的风力作用下，会发生形态变化。人有观察到山上的云杉，由于长年累月狂风的袭击，底部直径显著增大，树干成了圆锥形。风速越大，圆锥越矮。人们设计了类似圆锥形的电视塔，把它建造在风速80米/秒的山顶上。在风力的经常作用下，树根系统也会发生明显变化，使树对狂风有很大的适应性。依照这种树根，有人设计了特别高的高层楼房，它就支撑在按树根原理制成的地基上。

树　根

在既不太热、又不干燥的地区，车前子的叶子一般呈螺旋状排列，这样，每片叶子都能得到适当的太阳光。人们向车前子借鉴了调节日光辐射的原理设计了一种住宅，它是呈螺旋状排列的13层楼房，每个房间都能得到充足的阳光。

蜂窝的启迪

蜂窝状泡沫建材的诞生

蜜蜂"建筑师"的精湛技艺，已为许多现代技术专家所仿效。建筑工程师模仿它则设计出种种轻质高强的泡沫蜂窝结构。轻质和高强，是建筑材料和结构的发展方向。未来的材料将是蜂窝状的多孔泡沫。现在城市建筑材料多是钢筋和水泥。

但是，由钢筋和水泥等制成的钢筋混凝土结构太重，每立方米重达2.4吨。广州的33层白云宾馆，就有8万多吨重。为了减轻钢筋混凝土的自重，

仿生与建筑

建筑工作者便把注意力转向蜂房和浮石，创造发明了蜂窝状的泡沫混凝土、泡沫塑料、泡沫橡胶、泡沫玻璃和泡沫合金等。

实践证明，这种材料中由气泡组成的蜂窝，既隔热又保温。最近，英国的建筑师试制成功一种蜂窝墙壁，中间填满由树脂和硬化剂合成的尿素甲醛泡沫。用这种墙壁建造住宅，结构轻巧，冬暖夏凉。

蜂窝与太空飞行器

航天飞机、宇宙飞船、人造卫星等太空飞行器，要进入太空持续飞行，就必须摆脱地心引力，这就要求运载它们的火箭必须提供足够大的能量。

要把地球上的太空飞行器送到地球大气层外，至少要使该飞行器获得7.9千米/秒的速度，此即第一宇宙速度；而要使飞行脱离地球，飞往行星或其他星球，则需达11.2千米/秒的速度，此谓第二速度。

为了使太空飞行器达到上述速度，运载火箭就必须提供相当大的推力。因为运载火箭上带有推进剂、发动机等沉重

太空飞行器

的"包袱"。按目前航天技术水平，平均发射1千克重的人造卫星就需要50～100千克的运载器，反之，太空飞行器自身重量越轻，也就可大大减轻运载火箭身上的"包袱"，也就能使太空飞行器飞得更高、更远。

为减轻太空飞行器的重量，科学家们绞尽脑汁，与太空飞行器"斤斤计较"。可要减轻飞行器重量，还要考虑不能减轻其容量与强度。科学家们尝试了许多办法都无济于事，最后，还是蜂窝的结构帮助科学家解决了这个难题。

大家都知道，蜜蜂的窝都是由一些一个挨一个，排列得整整齐齐的六角小蜂房组成的。18世纪初，法国学者马拉尔琪测量到蜂窝的几个角都有一定的规律：钝角等于109°28′，锐角等于70°32′。后来经过法国物理学家列奥缪拉、瑞士数学家克尼格、苏格兰数学家马克洛林先后多次的精确计算，得出如下结论：消耗最少的材料，制成最大的菱形容器，它的角度应该是109°28′和70°32′，和蜂房结构完全一致。

但如果从正面观察蜂窝，蜂房是由一些正六边形组成的，既然如此，那每一个角都应是120°，怎么会有109°28′和70°32′呢？这是因为，蜂房不是六棱柱，而是底部由3个菱形拼成的"尖顶六棱柱形"。我国数学家华罗庚经精确计算指出：在蜜蜂身长、腰周确定情况下，尖顶六棱柱形蜂房用料最省。

蜂窝的这种结构特点不正是太空飞行器结构所要求的吗？于是，在太空飞行器中采用了蜂窝结构，先用金属制造成蜂窝，然后再用两块金属板把它夹起来就成了蜂窝结构。这种结构的飞行器容量大、强度高，且大大减轻了自重，也不易传导声音和热量。因此，今天的航天飞机、宇宙飞船、人造卫星都采用了这种蜂窝结构。科学发展就是如此，有时看起来高不可攀的难题，只要开动脑筋，善于从日常生活中觅取线索，可能就会迎刃而解。小小的蜂窝，似乎与伟大的航空航天事业风马牛不相及，但仿生学却将它们紧密地联系在了一起，推动了人类社会的发展与科技的进步。

王莲带来的灵感

著名的水生植物王莲，其叶浮在水面，直径可达2米，奇妙的是，薄薄的叶面，一个五六岁的孩子坐在上面也安然无恙，100多年前法国的约瑟夫·莫尼哀对它进行了研究，于是，这位园艺家兼建筑师便模仿王莲的叶脉结构，用钢和玻璃建造了一座像水晶宫一样的大花房，为推广轻型大跨度的网状薄结构奠定了基础，后来，意大利的建筑师们在设计跨距为95米的都灵展览馆大厅屋顶时，也采用了这种网状叶脉结构，在拱形的纵肋之间连以波浪形的横隔，从而保证了大厅屋顶的刚度和稳定性，由于屋顶的应力集中在波浪形的横隔上，就可在肋间安装许多天窗，使得这座大厅不仅结构轻巧、宏大雄伟，而且光线充足、美丽如画。都灵的建筑师们还设计了块100米长的薄板，其厚度仅4厘米，但它的刚度却跟叶脉一样奇妙，竟能经得住一个人在上面走来走去。

上述网状膜结构，用建筑学上的术语来解释，是许多杆件沿一定曲面或平面组成的空间杆件体系，纵横交错，如同网形。它特别适用于城市建筑和水上建筑，跨度可加到2300米。

仿生与建筑

大叶王王莲

王莲是水生有花植物中叶片最大的植物,其初生叶呈针状,长到2~3片叶呈矛状,至4~5片叶时呈戟形,长出6~10片叶时呈椭圆形至圆形,到11片叶后叶缘上翘呈盘状,叶缘直立,叶片圆形,像圆盘浮在水面,直径可达2米以上,叶面光滑,绿色略带微红,有皱褶,背面紫红色,叶柄绿色,长2~4m,叶子背面和叶柄有许多坚硬的刺,叶脉为放射网状。每叶片可承重数十公斤,二三十公斤重的小孩坐在上面也不会沉没。

王莲的花很大,单生,直径25厘米~40厘米,有4片绿褐色的萼片,呈卵状三角形,外面全部长有刺;花瓣数目很多,呈倒卵形,长10~22厘米,雄蕊多数,花丝扁平,长8~10毫米;子房下部长着密密麻麻的粗刺。王莲的花期为夏或秋季,傍晚伸出水面开放,甚芳香,第一天白色,有白兰花香气,次日逐渐闭合,傍晚再次开放,花瓣变为淡红色至深红色,第3天闭合并沉入水中。

蜘蛛的悬索

有些科学家用毕生精力研究蜘蛛和蛛网,他们为什么要花费那么大的精力去研究这些其貌不扬的小动物呢?这是因为在蜘蛛网上隐藏着许许多多的秘密。揭开这些秘密,将会给人类带来不可估量的好处。例如,人们从蜘蛛喷孔的原理得到启示,从而发明了人造丝。

蜘蛛不仅是一位丝织专家,而且也同蜜蜂一样,是一位出色的建筑师。它能根据地形地物精确地计算要织多大的网,然后用最省料而又能达到最大面积的"原则"来使用它的丝。蜘蛛织网时,先用干丝围框框和拉圆的半径线,再用黏纺编织捕捉食物——小虫的网眼。蛛网是自然界独一无二的悬索结构。别看网丝是那么细微,却能承受近3克的拉力。可以说,模拟蛛网建成的大跨度屋顶和桥梁,同样是建筑仿生学的一大成就。

19世纪末期,人们在总结悬索桥架设和锚固经验的基础上,设计成功了可用来作屋顶的悬索结构。远的不说,大家所熟悉的北京工人体育馆大厅的屋顶，采用的就是悬索结构。该屋顶的直径为110米，很像一个平放着的自行车，由金属的中心环、钢筋混凝土外环和上下两层钢索组成。在这种结构中，长于抗拉的钢丝只承受拉力，而长于抗压的混凝土外环在钢索的均匀后拉下则主要是承受压力，真正地做到了物尽其用。除了跨度大和能充分发挥材料潜力的优点外，悬索结构还有成型容易和造型美观的特点。

近些年来，国内外的悬索结构花样不断翻新，日臻完美。

植物的气孔与充气结构

学过植物生理的人都知道，在植物的表皮上到处都是气孔，其功能用来调节体内的温度。富于想象力的建筑师们，应用植物的这种气液静力压系统的工作原理，设计出一系列的带有自动调节系统和充分结构的建筑物。如双层或单层充气结构的住宅、厂房、仓库、体育馆、展览厅、学校和水下建筑等。所谓充气结构，就是在玻璃丝增强塑料薄膜或尼龙布内部充气，以形成一定形状的建筑空间。它们主要特点是：便于运输拆迁，省工节料，建筑迅速。

统观现有的各种充气结构，以英国建筑师格林设计的蚕茧式充气住宅为最佳。这种住宅是安装在活动支架上的充气塑料壳体，内部的充气隔墙可根据需要随意改变位置或缩回到地面，多功能的充气地面可根据房间主人的意愿凸出，形成各种充气家具（如充气的床、沙发、圆桌、写字台等）。最受用户欢迎的是，室内气温自动调节，造成冬暖夏凉的小气候。

可以预见，在不久的将来，即可在南北极建造跨度上千米的聚氟乙烯薄膜的充气住宅。尽管室外冰天雪地，室内却温暖如春。如果在这种充气建筑内种农作物，不受气候条件的限制，可做到一年四季，瓜果丰收。

钢筋混凝土的老师

兽类骨骼的启示

兽类在长期进化中，形成了适合生存环境的种种形态，而保持这种形态

仿生与建筑

的骨骼系统在强度、硬度和稳定性等方面是很完美的。中国的古建筑人字形屋盖与兽类的脊柱有点相像；房屋的大梁好像牛、马的背椎骨；椽子（桁桷）好像牛、马的肋骨。

现代建筑普遍采用的"钢筋混凝土"结构，其中钢筋在建筑物中的作用，跟骨骼在动物身体中的作用一样。埃菲尔铁塔是一座耸立在巴黎市中心的高达300多米的金属塔，它是法国著名工程师艾菲尔在1889年为巴黎博览会设计的，这座宏伟的铁塔是当时世界上最高的建筑，也是巴黎的象征。但其结构是艾菲尔不自觉地模拟和重复了灵长类小腿骨（胫骨）的结构，两者的表面角度完全相符。

古往今来，人类建造了无数桥梁，但细细分析，四足着地的兽类，前后肢好像一座桥的桥墩，脊椎骨又恰似桥身。有些生活习性特殊的动物，如跳鼠，后肢特别长，它靠后肢跳跃和站立，整个身体的结构就跟单桥墩的悬臂桥相像，而吊桥跟终年在树上悬挂生活的树懒样子一样。

混凝土的发明

自然界中的植物，在风霜雨雪的长期作用下，其内部构造和外观形状都要发生相应的变化。这种种变化，都会给人们以有益的启示。还是在上一个世纪末，法国的一位园艺家就发现，许多植物都是依靠其根部与土壤的密切结合，而矗立于疾风暴雨之中，从而想到按照植物的这种固本方式来造花坛。他用水泥（好比泥土）把铁丝（好比植物的根）包裹起来，结果造出了能抗击风雨侵蚀的花坛，从而发明了当前建筑中的挂帅材料——钢筋混凝土。

钢筋混凝土的发明，使建筑业发生了突飞猛进的变化，可以这么说，如果不是混凝土的发明，现代的一些高耸入云的建筑物只能是幻想。当然，这中间还包括从生物的结构中所受的启发，如前面提到的埃菲尔铁塔和类似的圆锥体结构。因而我们完全可以这么说：是仿生学给现代建筑以丰富的灵感。

埃菲尔铁塔

如果说，巴黎圣母院是古代巴黎的象征，那么，埃菲尔铁塔就是现代巴黎的标志。埃菲尔铁塔是一座于1889年建成位于法国巴黎战神广场上的镂空结构铁塔，高300米，天线高24米，总高324米。埃菲尔铁塔得名于设计它的桥梁工程师居斯塔夫·埃菲尔。铁塔设计新颖独特，是世界建筑史上的技术杰作，因而成为法国和巴黎的一个重要景点和突出标志。被法国人爱称为"铁娘子"。它和纽约的帝国大厦、东京的电视塔同被誉为西方三大著名建筑。

拱形的力量

建筑仿生学不仅研究现代生物，而且也研究古代生物。其原因就在于它们构造简单，更易于模拟。

大家知道，在距今7000万～2亿年以前，当银杉、云杉等裸子植物繁盛的时候，正是爬行动物在地球上称王称霸的黄金时代，其中最有名的就是动物王国的巨人——恐龙。在恐龙家族中，硕大无比者应算是在北美洲发现的梁龙。梁龙身长26米，重约50吨，巨大的体重完全靠四条立柱似的粗腿传给地面。从对梁龙躯体结构的力学分析中可以看出，梁龙之所以能支持住

拱　桥

它的巨大的体重，身体没有在中间被压弯下垂，是因为它的身体上部有一种拱形结构。

拱形结构是一种由弓形构件组成的结构，两端处叫做拱脚。

我国劳动人民在1300多年建造的河北省赵州桥，就是用的拱形结构。拱形结构的受力情况是：当拱形上有负荷时，内力主要是压力，并沿着拱轴方向向拱脚传递。由于拱沿轴向只受压力，不受弯折或弯折很少，在砖石、钢、木和钢筋混凝土结构中采用得非常广泛，而且形式多样、各有千秋。特别是依照梁龙受力图，按拱脚直接落到地面的结构处理方法，不仅可省去墙所占的高度，并可把拱脚水平推力直接传给地基。

现在，世界上有5万种动物、30万种植物和十几万种微生物。这些生物，

也同建筑物一样,时时都受到各种自然力的作用。它们经历了亿万年的进化和选择,形成了适合生存环境的种种结构和功能。鸟类的窝巢、蛋壳、乌龟的甲胄、蜜蜂的蜂房、海生动物的外壳、种子和果核以至于人类的头颅脑壳,都是用最少的材料构成坚固刚劲的结构,而且它们的功能都能适合于各自所处的大自然环境。

只要我们善于观察和研究,就会从中获得不少有益的启示。可以预料,在不久的将来,建筑仿生学这门大有作为的科学,将帮助人类征服地下、天空和海洋,建造出蔚为壮观的地下宫殿、海底乐园和太空城市,为人类在那里定居创造更为舒适的居住条件。

赵州桥

坐落在河北省赵县洨河上.建于隋代(公元581-618年)大业年间(公元605-618年),由著名匠师李春设计和建造,距今已有约1400年的历史,是当今世界上现存最早、保存最完善的古代敞肩石拱桥。1961年被国务院列为第一批全国重点文物保护单位。

赵州桥的设计构思和工艺的精巧,不仅在我国古桥是首屈一指,据世界桥梁的考证,像这样的敞肩拱桥,欧洲到19世纪中叶才出现,比我国晚了一千二百多年,赵州桥的雕刻艺术,包括栏板、望柱和锁口石等,其上狮象龙兽形态逼真,琢工的精致秀丽,不愧为文物宝库中的艺术珍品,我国石拱桥的建造技术在明朝时曾流传到日本等国,促进了与世界各国人民的文化交流并增进了友谊。

蜗牛壳与复合陶瓷

在潮湿的地上,或者在树枝上、蔬菜的叶子上,常会见到蜗牛的活动。它们背着自己重重的壳,慢慢地向前蠕动,有一点儿风吹草动,软软的身子马上缩回壳里。蜗牛的壳很坚固,它给科学家们以极大启示。

蜗牛等软体动物的壳实质上是一种由碳酸钙层和薄的蛋白质层交替地组

神奇的仿生学
SHENQI DE FANGSHENGXUE

蜗 牛

成的层状结构。碳酸钙硬而脆，但蛋白质层交替地夹在其中，能防止碳酸钙层的裂纹蔓延，从而使蜗牛壳变得又硬又韧。

最近，英国剑桥大学的科研小组研制出了一种类似蜗牛壳的层状组织，即用150微米厚的碳化硅陶瓷层和5微米厚的石墨层交替地叠加热压成复合陶瓷材料。碳化硅是一种非常硬而脆的陶瓷，但由于夹在中间的石墨层可以分散应力，又可以阻止一层碳化硅中的裂纹蔓延到另一层碳化硅中，因而不易碎裂，这就是仿生复合陶瓷材料。仿生复合陶瓷材料可用来制造喷气发动机和燃气涡轮机的零件，如涡轮片等，它们不仅可以提高发动机的工作温度，还可以减少喷气发动机和燃气轮机对空气的污染。

仿生与动力学
FANGSHENG YU DONGLI YUE

科学技术的发展，创造了自动控制设备。但是，世界最早的自动控制系统却是存在于人和动物体内。靠了这些控制系统、人和动物的体温、血压、脉搏、血液成分都维持着一个动态平衡。深入研究体内稳态调控系统的机能原理，将可以为仿生电子学提供一条发展自动控制技术的新途径。仿生电子学是现代电子学一个重要组成部分，它不同寻常的研究内容以及独特的研究方法，人们正在源源不断地从生物界索取奇异的设计蓝图。

生物科学和电子技术的发展，大大促进了仿生电子学的发展。人们在探索中发现，除了蛙眼，许多生物（包括人）的感觉器官都是机体从外界获得信息的接收器和预加工系统，它们各有独特的功能。感觉器官功能的奇妙，结构的精美，为人们改善技术系统的信息输入与转送装置，设计具有新原理的检测、跟踪、计算系统提供了十分有益的启示。

▌▌能量转换的秘密

提起能源，人们就会想到煤炭、石油等，其实，生物自身也可以产生能源，还能够把一种能转换成另一种能，而且转换效率很高。

为了说明这个问题，我们用磨面这件事做例子：磨面机是由电动机带动的，电是从发电厂送来的，发电机是蒸汽推动的，蒸汽是锅炉里产生的，而锅炉是用煤作燃料的。这个过程就是能量转换过程。在这个过程中、煤的化学能量经过了3次转换，每一次转换，都要损失一些能量，转换效率大约是40%。

人力也能磨面，不过，人的能源物质不是煤而是食物。人吃了食物，经过酶的消化作用变成葡萄糖、氨基酸等，再经过氧化作用，变成一种可以产生能量和储存能量的物质——腺三磷（ATP），人想推动磨盘了，腺三磷就放出能量使肌肉收缩，牵引肌腱去推动磨盘。从这个过程中，你可以看到：人体把食物的化学能转换成机械能，一次就完成了，转换效率比较高，大约是80%。

生物转换能量的高效率，引起了科学家们的兴趣，他们模仿人体肌肉的功能，用聚丙烯酸聚合物拷贝成了"人工肌肉"。这种人工肌肉也能把化学能直接转换成机械能。只要配合一定的机械装置，就能提取重物。据实验，1厘米宽的人工肌肉带能提起100千克重的物体，这比举重运动员的肌肉还要结实有力！

现在我们常见的白炽灯是热光源，灯丝发光一般要烧到3000℃，90%的电能变成热能而白白浪费了，用于发光的电能只占10%。荧光灯要好一些，但转换效率也不超过25%。要想提高发光效率，还得向生物学习。例如萤火虫的发光效率就比白炽灯高好几倍。在萤火虫的腹部有几千个发光细胞，其中含有两种物质：荧光素和荧光酶。前者是发光物质，后者是催化剂。

在荧光素酶的作用下，荧光素跟氧气化合，发出短暂的荧光，变成氧化荧光素。这种氧化荧光素在萤火虫体内的腺三磷的作用下，又能重新变成荧光素，重新发光。

萤火虫在发光过程中产生的热极少，绝大部分的化学能直接变成了光能，所以它的发光效率非常高。它是一种冷光源。这种冷光源也引起了科学家们的兴趣。他们正在想办法人工合成荧光素和荧光素酶。等到试验成功并且大批生产以后，人们可以把这种冷光源用在矿井里，用在水下工地上，甚至可以把这种发光物质涂在室内的墙壁上，白天接受阳光照射，储存能量，夜晚便可大放光明。

仿生与动力学

白炽灯

白炽灯将灯丝通电加热到白炽状态，利用热辐射发出可见光的电光源。自1879年，美国的T. A. 爱迪生制成了碳化纤维（即碳丝）白炽灯以来，经人们对灯丝材料、灯丝结构、充填气体的不断改进，白炽灯的发光效率也相应提高。1959年，美国在白炽灯的基础上发展了体积和衰光极小的卤钨灯。白炽灯的发展趋势主要是研制节能型灯泡。不同用途和要求的白炽灯，其结构和部件不尽相同。白炽灯的光效虽低，但光色和集光性能好，是产量最大，应用最广泛的电光源。

生物体内的发电厂

叶绿素发电

叶绿体也是一个非常复杂的"化工厂"。毫无疑问，如果能成功地模拟叶绿体中的生物催化及其调节功能，那就会引起有机合成化学工业的深刻变化，也将为人工合成食物开辟一条崭新的道路。能量的转换是现代工业的基础，过去，当人们把燃烧煤获得的热能转变为蒸汽机的机械能时，便引起了工业革命。现在电是最方便的能量形式，因为它容易转变为其他形式的能。实验表明，叶绿素转化太阳能的效率是很高的，那么我们能不能造出"叶绿素太阳能电池"呢？

最近，有人根据对光合作用的研究，进行了尝试。他们用氧化锌作叶绿素的基底，发现这个系统的电光学性质类似进行光合作用的叶绿素。当有光照时，叶绿素吸收光能后把电子给氧化锌，便能产生出电流。

"发电"鱼与电池

渤海湾的远洋作业船队，开到东海渔区赶鱼汛，在排除水下故障时，检修员遇到了这样一种奇怪的情况：刚刚潜到水下，无意间触到了什么东西，突然四肢麻木、浑身战栗。当地渔民告诉他们，这是栖居在海洋底部的一种软骨鱼——电鳐在作怪。

过了不久,他们用拖网捕到了一条电鳐。它有60厘米长,扁平的身子,头和胸部连在一起,拖着一条棒槌状肉滚的尾巴。看上去,很像一柄大蒲扇。因为吃过它的亏,小伙子们眼巴巴地瞅着这怪物,想不出用什么法子来对付它。随船的当地渔民却毫不在意,伸手把它从网上弄下来,丢在甲板上。原来,由于落网时连续放电,这时,这个"活的发电机"已经筋疲力尽了。

其实,放电的本能并不只是电鳐才有。目前已发现有500多种鱼,其体内都装有"发电机",能够发出电流,一只最大的电鳐,每秒钟能放电150次,有时放出的电压高达220伏。非洲电鲶每条能产生350伏的电压,可以击死小鱼,还能将渔民击昏。南美洲的电鳗更是电鱼中发电功率最高的一种,每一条能发出高达800多伏的电。有人计算过,10000只电鳗同时放的电,可供电车走几分钟。

电鱼为什么能放电呢?

原来,它们身体内部有一种奇特的放电器官,可以在身体外面产生很高的电压。这种器官,有的起源于鳃肌或尾肌,有的起源于眼肌和腺体。各种鱼放电器官的位置、形状都不一样。电鳗的电器官分布在尾部脊椎两侧的肌肉中,呈长棱形,电鳐的电器官则排列在头胸部和腹部两侧,样子像两个扁平的肾脏,由许多蜂窝状的细胞组成。这些细胞排列成六角柱形,叫做"电板"。

电鳐的两个发电器中,总共有2000个电板柱,约200万块"电板"(电鲶的板数更可观,约有500万块)。这些"电板"浸润在细胞外胶质中,胶质可以起到绝缘作用。"电板"的一面分布有末梢神经,这一面为负电极,另一面则为正电极。电流的方向是正极流到负极的,即由电鳐的背面流向腹面。在神经脉冲的作用下,这两个放电器就能变神经能为电能,放出电来。单个"电板"产生的电压很微弱,但由于"电板"很多,所以产生的电压就很可观了。

一次放电中,电鳐的电压为60~70伏。在连续放电的首次可达100伏,最大的个体放电在200伏左右,功率达3000瓦,所以它们能够击毙水中的游鱼和虾类作为自己的食料。同时,放电也正是电鱼逃避敌害、保存自己的一种方式。

世界上最早最简单的电池——伏打电池,就是19世纪意大利物理学家伏打根据电鱼的天然器官原理设计的。随着现代科学技术的不断发展,在研究

仿生与动力学

电鱼中，今后还会得到不少新的启示。

生物电电池

近年来，人们在研究萤火虫的发光中获得了巨大的成就。先是从荧光器中分离出了纯荧光素（为提取像一张邮票那样重的荧光素，需要33000多只萤火虫），后来又分离出了荧光酶。接着，人们又用化学方法人工合成了荧光素——冷光源。所有这些成就，使得人类大大接近了模仿生物发光过程创造冷光源的时代。

过去，根据对萤火虫的研究发明了日光灯，使人类的照明光源发生了很大的变化。现在，生物光可用掺和某些化学物质的人工方法获得，大概，大规模应用它的那一天为期不远了。例如，创造有辐射热的发光墙或产生冷光的发光体，它们对于手术室和研究实验是非常方便的，当然也会给人民的生活带来许多好处。到那时，大概电灯或随便什么别的光源都会不受欢迎了。

伏打电池

18世纪，当时对于电已经有相当的认识（静电、导电、电的种类），加上对雷电的正确了解，尤其是避雷针的研制成功，消除人们对于雷电的畏惧。特别是蓄电装置发现后，科学家开始动脑筋去想如何能够有效地运用电。1799年，科学家伏特以含食盐水的湿抹布，夹在银和锌的圆形板中间，堆积成圆柱状，制造出最早的电池—伏打电池。这种将不同的金属片插入电解质水溶液形成的电池，通称伏打电池。

在伏打之前，人们只能应用摩擦发电机，运用旋转以发电，再将电存放在莱顿瓶中，以供使用。这种方式相当麻烦，所得的电量也受限制。伏打电池的发明改进了这些缺点，使得电的取得变成非常方便，现在电气所带来的文明，伏打电池是一个重要的起步，他带动后续电气相关研究的蓬勃发展，后来利用电磁感应原理的电动机，和发电机研发成功也得归功于它，而发电机之后电气文明的开始，导致第二次产业革命改变了人类社会的结构。

向企鹅学习滑雪

人类在陆地的交通工具，除了最新式的气垫车和磁悬浮列车以外，其他各种车辆都离不开一个关键部件——轮子。在疏松的雪地和沙漠地带，因为摩擦力太小，车轮只能不停地空转，车辆很难前进。

企　鹅

可是，在终年漫天冰雪的南极，常常可见蹒跚而行的企鹅，在紧急情况下却能以 30 千米/小时的速度，在雪地上飞驰。企鹅之所以能快速滑行，是因为它有一套特殊的运动方式：它把肚皮贴在雪地上，并快速蹬动作为"滑雪杖"的双脚。人们由此得到启示，制成了一种极地越野汽车。它用宽阔的底部贴在雪地上，用转动的轮勺扒雪前进，每小时的速度可达 50 千米。这种汽车还可以在泥泞地带快速行驶。

小蚂蚁的爆发力

蚂蚁是动物界的小动物，可是它有很大的力气。如果你称一下蚂蚁的体重和它所搬运物体的重量，你就会感到十分惊讶！它所举起的重量，竟超过它的体重差不多有 100 倍。世界上从来没有一个人能够举起超过他本身体重 3 倍的重量，从这个意义上说，蚂蚁的力气比人的力气大得多了。这个"大力士"的力量是从哪里来的呢？

看来，这似乎是一个趣的"谜"。科学家进行了大量实验研究后，终于揭穿了这个"谜"。原来，它脚爪里的肌肉是一个效率非常高的"原动机"，比航空发动机的效率还要高好几倍，因此能产生这么大的力量。我们知道，任何一台发动机都需要有一定的燃料，如汽油、柴油、煤油或其他重油。但是，供给"肌肉发动机"的是一种特殊的燃料。这种"燃料"并不燃烧，却同样

仿生与动力学

能够把潜藏的能量释放出来转变为机械能。不燃烧也就没有热损失，效率自然就大大提高。化学家们已经知道了这种"特殊燃料"的成分，它是一种十分复杂的磷的化合物。

这就是说，在蚂蚁的脚爪里，藏有几十亿台微妙的小电动机作为动力。这个发现，激起了科学家们的一个强烈愿望——制造类似的"人造肌肉发动机"。从发展前途来看，如果把蚂蚁脚爪那样有力而灵巧的自动设备用到技术上，那将会引起技术上的根本变革，那时电梯、起重机和其他机器的面貌将焕然一新。

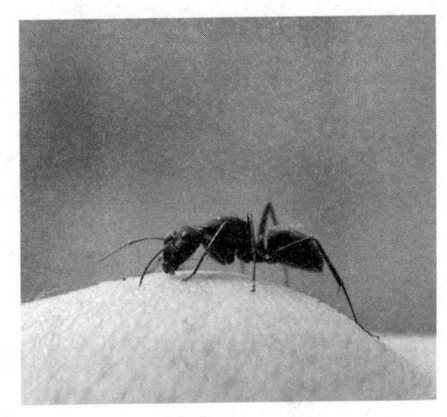

蚂　蚁

现在我们用的起重机一般也是靠电动机工作的，但是做功的效率比起蚂蚁来可差远了。为什么呢？因为火力发电要靠烧煤，使水变成蒸汽，蒸汽推动叶轮，带动发电机发电。这中间经过了将化学能变为热能，热能变成机械能，机械能变成电能这么几个过程。在这些过程中，燃烧所产生的热能，有一部分白白地跑掉了，有一部分因为要克服机械转动所产生的摩擦力而消耗掉了，所以这种发动机效率很低，不过只有30%～40%。而蚂蚁发动机利用肌肉里的特殊燃料直接变成电能，损耗很少，所以效率很高。

人们从蚂蚁发动机中得到启发，制造出了一种将化学能直接变成电能的燃料电池。这种电池利用燃料进行氧化——还原反应来直接发电。它没有燃烧过程，所以效率很高，达到70%～90%。

火力发电

火力发电是指利用煤炭、石油、天然气等固体、液体、气体燃料燃烧时产生的热能，通过热能来加热水，使水变成高温产生高压水蒸气，然后再由水蒸气推动发电机继而发电的一种发电方式。在所有发电方式中，火力发电是历史最久的，也是最重要的一种。世界最大火电厂是日本的鹿儿岛火电厂，容量为 4400 兆瓦。

火力发电中，燃料蕴藏的能量只有一部分能转换为电能，其余的通过各种途径损耗掉，包括锅炉的损耗、汽轮机的损耗、排汽的损耗、发电机的损耗、管道系统的损耗等。到 20 世纪 80 年代，世界最好的火电厂也只能把 40% 左右的热能转换为电能，大型供热电厂的热能利用率也只能达到 60%～70%。这种把热能转换为电能的百分比就是火电厂的发电效率。

给步枪安装眼睛

采用电子技术，模拟人和动物体对信息的接收、加工、利用以及对生命活动调节、控制的原理，改进现有电子设备的性能，或者创造新型电子系统，是电子仿生学的研究任务。电子仿生学最感兴趣的是人和动物的脑、神经系统与感觉器官。主要研究课题为人工智能、生物通讯、体内稳态调控、肢体运动控制、动物的定向与导航和人—机关系等。近年来，仿生电子学的研究成果不断地涌现，在电子科学园地里开放出许多奇异的新花。

步　枪

靶场上正在进行射击试验表演，使用的兵器主体是一杆去掉了枪托的小口径步枪，架在类似于高射机枪的三脚枪架上，和圆形瞄准器并排有一个汽车前灯似的圆筒形部件，这个部件上装有明光闪亮的大口径透镜，活像一只直视前方的大眼睛。枪身上装着许多电子器件，一根粗粗的电缆把枪身与旁边的一台电子仪器连接了起来。

打靶试验开始了。远处空中出现了一个移动着的圆形靶子，奇怪的是没有人去操纵这支步枪，只有电子仪器上的红绿指示灯在闪闪发亮。待圆靶移动到正前方时，枪身突然自己移动起来了。枪口紧紧地跟踪着目标。说时迟、那时快，只听"啪"的一声，枪响靶落，弹中靶心。这部自动跟踪目标、百

发百中的枪叫做"蛙眼自动枪"。

蛙眼自动枪是一支装有电子自动控制装置的枪,它能够自动跟踪、瞄准、计算提前量、自动射击。因为它装有的那个外表像汽车灯的光电跟踪和瞄准系统是模仿蛙眼视觉原理制造的,所以,试验者给它起了"蛙眼自动枪"这个别致的名字。

步 枪

步枪是一种单兵肩射的长管枪械,主要用于发射枪弹,杀伤暴露的有生目标,有效射程一般为400米。短兵相接时,也可用刺刀和枪托进行白刃格斗,有的还可发射枪榴弹,并具有点、面杀伤和反装甲能力。步枪是步兵单人使用的基本武器,不同类型的步枪可以执行不同的战术使命。但步枪的主要作用是以其火力、枪刺和枪托杀伤有生目标。因此,在近战中,解决战斗的最后阶段,步枪起着重要的作用。

步枪按照自动化程度可以分单发步枪、手动步枪、半自动步枪和自动步枪。按照用途可以分为民用步枪、军用步枪、警用步枪、突击步枪、骑枪(卡宾枪)和狙击步枪。

有神经的电脑

被誉为"电脑"的计算机,在现代科学技术中发挥着举足轻重的作用。但是,离开了人,计算机就不能工作了。使计算机工作,首先要由人帮助它确定算法、编制程序,计算机只不过是机械地按照人所严格规定的程序进行工作。对于计算机结果的分析,也要由人去完成。在由计算机组成的现代控制系统里,人仍然起着主导作用,这是因为人体具有一台世界上最完美的"天然计算机"——大脑。

人脑具有独特的思维活动和记忆能力,在分析问题时能够进行广泛地联想和推理,即使遇到意外的情况也能随机应变,根据具体情况随时决定所应采取的行动。人脑除了进行数学运算,还能够以特有的思维方式进行逻辑判

神奇的仿生学

电 脑

断、处理资料、记忆信息、区别概念、识别事物等等。一个婴儿，尽管还不识数，却能认识父母。一个幼儿早在能进行"1+1"运算之前，就已经能够记忆和了解地分析与综合现象的能力和信息加工方法，都远远超过现代计算机，不难看出，深入研究大脑思维与记忆的生理过程，我们就有可能用它的原理去制造性能优异，能模拟人的复杂神经活动的仿生电子计算机。

模拟大脑的工作，首先要从模拟大脑的组成元件——神经元（神经细胞）入手。神经元可以完成复杂的工作，但其结构却十分精巧。人脑约有150亿个神经元，体积仅为1.5立方分米，耗能不过10瓦左右。假如我们建造一台具有150亿个半导体逻辑元件的电子计算机，它的体积就有10000立方米，所需电能竟高达1000000千瓦，不仅如此，神经元之间还有着复杂的交错联系，构成了神经网络。神经网络的存在，可由许多神经元完成同一种工作，因而在损失了相当一部分（比如10%）神经元之后，大脑仍能正常工作。而一台计算机，当其任何一个部件，特别是一个关键元件损坏时，就会停止工作了。由此可见，尽管单个神经元的可靠性比晶体管等电子元件要差，由神经元组成的网络所构成的系统却比人造技术系统可靠得多。这一点，为人们提高电子系统的可靠性，提供了有益的启示。

模仿神经元的工作原理，人们已经研制出了多种"电子神经元"，堪称为功能奇异的电子线路。电子神经元具有较高的稳定性和可靠性，利用它们模拟大脑的功能，已制成一些特殊用途的电子仪器。如："自动识别机"、"阅读机"、"语言分析器"等。研制出的"飞行器控制系统"，其主要部件是由250个"电子神经元"构成的大型网络。这是一种与计算机系统不同的新型控制系统，它能对各种事先未被编入程序的意外情况作出正确反应，可用于高性能飞机和宇宙飞船，其可靠性比通常的计算机系统高10倍。

仿生与动力学

世界上第一台计算机

1946年,世界上出现了第一台电子数字计算机"ENIAC",用于计算弹道。是由美国宾夕法尼亚大学莫尔电工学院制造的,但它的体积庞大,占地面积170多平方米,重量约30吨,消耗近100千瓦的电力。显然,这样的计算机成本很高,使用不便。1956年,晶体管电子计算机诞生了,这是第二代电子计算机。只要几个大一点的柜子就可将它容下,运算速度也大大地提高了。1959年出现的是第三代集成电路计算机。最初的计算机由约翰·冯·诺依曼发明(那时电脑的计算能力相当于现在的计算器),有三间库房那么大,后逐步发展。

向动物学习体育竞技

中央电视台有个收视率很高的节目——动物世界。它的片头字幕配了一组画面:鸵鸟与赛跑、猩猩争斗与摔跤、袋鼠打闹与拳击、鸬鹚入水与跳水、水虫与划船等等。这组画面形象地说明了人类体育运动与仿生的关系。

把一只猫举到半空中,腹部朝上,然后撒手扔下。我们看见猫在空中几经翻腾,最后四肢朝下着地,仍保持通常在地面的正常姿势。猫的这种特性就称作"猫式转体"。无论跳水运动员在空中做出多么复杂的空翻、转体动作,但在入水时,必须保持同一规格的入水姿势。这和猫的上述运动节奏极其相似,这就是"猫式转体"在跳水运动中运用,也就是体育运动中的仿生。模仿某些动物的形体动作,来达到强筋健骨、延年益寿、护身防卫、美化形体和提高运动技术水平等目的,是体育仿生的内容。

"猫式转体"在跳水运动中的运用,就是竞技体育仿生的一个典型例子。我们可以把跳水运动员的跳水技术和"猫式转体"进行对比:在空中一个从容舒展,绚丽多姿;一个紧张急迫,都保持着各自特定的同一姿势。前者健美的英姿正是从后者难堪动作的力学原理模仿而来的。再如蝶泳运动员在比赛中破浪疾进的精彩表演,犹如"飞鹰击水"。蝶泳运动员的双臂像蝴蝶翅膀那样摆动划水。蝶泳又叫做海豚泳,是指运动员的身体在水中像海豚一样摆

神奇的仿生学
SHENQI DE FANGSHENGXUE

猫

浪前进。美国电视片《大西洋底来的人》中的麦克·哈里斯,他那优美的泳姿正是海豚在水中前进的身体动作,集"飞鹰"、"彩蝶"、"海豚"3种动物形象于一身,高度和谐地表现了运动员健、力、美的英姿。

又如蛙泳是由青蛙在水中游进时双腿有力地蹬夹动作演化来的。青蛙腿对水面蹬夹很大时,水给青蛙腿的反作用力也很大,是一种费力小而做功大的形体动作。人的两膝和双足只要很好地外展和外翻,似青蛙一样增大,那么游泳就可以既省力又快速,所以蛙泳常被运动员作为长游的一种泳姿。"蛙跳"则是采用青蛙在陆上跳跃姿势而设计的一种身体训练手段,这种训练手段既不需要器械,又不强调场地条件,对增强运动员的腿部(尤其是大腿的各肌肉群)力量极其有效,锻炼价值又大。所以,青蛙的水、陆两种形态动作,已充分地被体育仿生学所摄取了。又如奔驰在原野上的野鹿和骏马,它们是何等的矫健、敏捷,那行如疾风的奔驰形态,吸引了许多体育行家去研究马、鹿前蹄在奔跑中的着地及"刨"的动作,并仿生化入短跑运动员的教学训练中,使运动员脚掌前撑的着地技术,模仿跑鹿和奔马前蹄快速、敏捷的"刨"的动作,从而增快了跑的频率,提高了跑进的速度。仿生确实能促进体育运动技术水平的提高。

"海阔凭鱼跃,天高任鸟飞",美丽的大自然景象,勾起了多少艺术家的创作灵感啊!在银幕上,在舞台上,在运动场上我们同样可以见到这种"海阔凭鱼跃"的生动场面。在京剧和舞剧的武打中,"鱼跃"满台窜蹦,令人目不暇接。在体育场上,"鱼跃前滚翻"就是小学生们学习的垫上运动。在体操和武术比赛中,我们也能看到"鱼跃"。然而最精彩的"鱼跃"镜头,却要数激烈的排球比赛了。尤其在那即将落地的死球,经运动员在坚硬的场上,做出高、难、惊险而漂亮的"鱼跃"扑救化险为夷时,简直令人眩目神往。

体育仿生在我国有着悠久的历史,最早是用于养身防病方面。"导引"是目前发现的最早的一种仿生保健体操,据《吕氏春秋》和《路史》记载,为消除疾病,当时有人跳起一种舞,可"利关节",对病症能"宣而导之"。这

些舞蹈动作，就是古代的导引术。长沙马王堆汉墓出土的墓帛画"导引图"，清晰地描绘出我们祖先早在2000多年以前从事保健体操的神态。其中的"熊经鸟伸"，如熊类攀树而自悬，似飞鸟凌空而伸展，深刻地道出了"导引"，这一仿生体育的意义还有一种流传至今的"五禽戏"，相传为汉末名医华佗创编，它是在"导引"基础下，充实为包容了虎、鹿、熊、猿、鸟5种禽兽形体动作的健身运动，更系统、全面地锻炼了人体各部分的器官组织。虎戏威武勇猛，可使肢体粗壮长力；鹿戏舒经展脉，使腰日趋灵活；熊戏沉稳有势，促进血脉流畅；猿戏轻盈敏捷，有助于四肢灵便；鸟戏轻翔轻落，给人宁神自怡。

　　武术是我国宝贵的文化遗产。在武术的各派拳路之中，几乎无不包含仿生的内容。许多步势与功法，酷似动物的形态。有的动物善跑，有的善攀善飞，有的善咬善抓善厮打。它们所特有的一些争斗本领，就被武术模仿成了窜、蹦、腾、挪和踢、打、摔、拿。各派武门将某些动物的形态动作汇入自家功法之中，手、眼、身、法、步均有仿生的内容，诸如"金鸡独立"、"鹞子翻身"、"白鹤亮翅"、"饿虎扑食"、"猿猴登枝"、"狮子滚球"、"蜻蜓点水"等等。此外，武林仿生还汇入了许多植物的生态形状，如"风摆荷叶"、"古树盘根"、"顺风扫莲"、"金花落地"、"腋底藏花"等等。还有些拳术及兵器功法，如"猴拳"、"猴棍"、"蛇形拳"、"龙凤双剑"等，更取名于动物。

　　威震世界田坛的中国马家军教头马俊仁，就是从鹿的矫捷奔跑姿势受到启发，他认真研究了鹿的每一个动作，并将其融合于训练中，使中国的中长跑一鸣惊人，震惊了世界，为中国争了光。综上所述，可见体育仿生在使人强筋健骨、延年益寿和提高运动技术水平方面，有其显著的功效。

仿生与机械
FANGSHENG YU JIXIE

　　模仿生物的形态、结构和控制原理设计制造出的功能更集中、效率更高并具有生物特征的机械。研究仿生机械的学科称为仿生机械学，它是20世纪60年代末期由生物学、生物力学、医学、机械工程、控制论和电子技术等学科相互渗透、结合而形成的一门边缘学科。仿生机械研究的主要领域有生物力学、控制体和机器人。把生物系统中可能应用的优越结构和物理学的特性结合使用，人类就可能得到在某些性能上比自然界形成的体系更为完善的仿生机械。

　　仿生机械学的研究和运用仅仅迈出了第一步。但从所取得的成果看，利用生物界的许多有益构思来发展技术是可为的。机械智能化必将是机械工程的发展方向之一。智能机械是人类千百年来的愿望，这方面的研究必定持久不懈地进行下去。人们不仅要研究生物系统在进化过程中逐渐形成的那些结构和机能，更要着重揭示其组织结构的原理，评定其机能关系、适应方法、存活方法和自我更新方法等。因为只有这些方法才能使生物系统在复杂的生存环境中具有高度的适应性和生命力。把生物系统中可能应用的优越结构和物理学的特性结合使用，人类就可能得到在某些性能上比自然界形成的体系更为完善的仿生机械。

仿生与机械

灵活的人造手

在一次自动控制技术的会议上，当一个没有手的 15 岁男孩，用假手在黑板上用粉笔写起"向会议的参加者致敬"的时候，大厅里顿时响起了雷鸣般的掌声。人们赞叹不绝，不断地向这种新颖控制技术的创造者表示热烈的祝贺。

创造者是怎样使假手能像真手一样工作的呢？这就是我们要介绍的生物电。

早在 18 世纪末，人们对生物机体内的生物电流，就已经有所认识。因为生物体内不同的生命活动，能产生不同形式的生物电，如人体心脏的跳动、肌肉的收缩、大脑的思维等等，所以人们就可以借助生物电来诊断各种疾病。

生物电的应用十分广泛，生物电手的应用就是其中之一。我们知道，人双手的一切动作都是大脑发出的一种指令（即电讯号）经过成千上万条神经纤维，传递给手中相应部位的肌肉引起的一种反应。如果我们把大脑指令传到肌肉中的生物电引出来，并把这个微弱的信号加以放大，那么，这种电讯号就可以直接去操纵由机械、电气等部件组成的假手了。

国外有一种假手，从肩膀到肘关节，使用了 5 只油压马达，手掌及手指的动作利用 2 只电动马达。手臂在发出动作之前，利用上半身的各肌肉电流来作为假手活动的指令。即在背脊及胸口安放相应的电极，用微型信号机来处理那里产生的电流信息，7 只马达就能根据想要做的动作进行运转。这种假手的动作与真手臂大致相同，由于主要部分采用了硬铝及塑料，故其重量还不到 2.63 千克。据报道，这种假手已能够做诸如转动肩膀及手臂、掌、弯曲关节等 27 种动作了。

它能为由于交通及工伤事故而被齐肩截断手臂的残废者解决生活和工作上的许多不便。国内在研究生物电控制假手方面，上海假肢厂的工人和上海生理研究所的科技人员，经过共同的努力，已经制造了一种重约 1.5 千克，握力达 1 千克，可以提 10 千克的人造假手。其工作能源是由 11 节镍镉电池提供的。

人造假手的出现不仅为四肢残废的人制造了运用自如的四肢，而且由于生物电经过放大之后，可以用导线或无线电波传送到非常遥远的地方去。显然，这对于扩大人类的生产实践，将会产生具有影响力的改变。到那时，人们可以叫假手到万米深的海底去取宝，或到高炉里、矿井里去操作，甚至可以叫它到月亮上去开垦处女地。

生物电的研究，对于农业生产也具有很大的意义。我们常常见到的向日葵，它们的花朵能随着太阳的东升西落而运动；含羞草的叶子，经不起轻扰，一碰就会低眉垂头害起羞来。这些植物界中的自然现象，都是因为生物电在起作用的缘故。

植物中的生物电，究竟是怎样产生的呢？有人曾做过如下的实验：在空气中，将一个电极放在一株植物的叶子上，另一电极放在植物的基部，结果发现两个电极之间能产生30毫伏左右的电位差。当将同样的一株植物放在密封的真空中时，由于植物在真空中被迫停止生命活动，所以植物基部和叶片之间的电压也就消失了。

这个实验有力地证明，生物的生命活动，是产生生物电的根源。

含羞草

含羞草为豆科多年生草本或亚灌木，又名知羞草、呼喝草、怕丑草。成簇生长，茎基部木质化，高可达1米，耐寒性较差，原产美洲热带地区。含羞草花期7月至10月，花色粉红，头状花序呈圆球形，形如绒球。花后结荚果，果实扁圆形。其株高40厘米至60厘米，枝上有刺毛。羽状复叶互生，总叶柄上有羽片2个至4个，呈掌状排列，小叶有14片至48片之多。含羞草的花、叶和荚果均具有较好的观赏效果，成为阳台、室内的盆栽花卉，在庭院等处也能种植。

含羞草小叶细小，羽状排列，甩手触及小叶受刺激后，即行合拢，如震动大可使刺激传至全叶，总叶柄也会下垂，甚至可能传递到邻叶使其叶柄下垂。这是含羞草对环境的一种适应，因为它原产地在热带，多狂风暴雨，当雨水滴落于小叶和暴风吹动小叶时它即能感应，立即把叶子闭合，保护自己柔弱的叶片免受暴风雨的摧折，植物学上把这种有趣的现象叫做感震运动。

仿生与机械

仿生机械学的方向

如果把传统的机械称之为一般机械的话,仿生机械应该是指添加有人类智能的一类机械。在物理和机械机能方面,一般机械要比人类的能力要强许多,但在智能方面却比人类要低劣的多。因此,若把人—机结合起来,就有可能使一般机械进化为仿生机械。从这一角度出发,可以认为仿生机械应该是既具有像生物的运动器官一样精密的条件,又具有优异的智能系统,可以进行巧妙的控制,执行复杂的动作。

仿生机械学是以力学或机械学作为基础的,综合生物学、医学及工程学的一门边缘学科,它既把工程技术应用于医学、生物学,又把医学、生物学的知识应用于工程技术。它包含着对生物现象进行力学研究,对生物的运动、动作进行工程分析,并把这些成果根据社会的要求付之实用化。

从习惯上说,可把仿生机械学的各个研究动向归纳如下:

(1) 生物材料力学和机械力学。以骨或软组织(肌肉、皮肤等)作为对象,通过模型实验方法,测定其应力、变形特性,求出力的分布规律。还可根据骨骼、肌肉系统力学的研究,对骨和肌肉的相互作用等进行分析。

另外,生物的形态研究也是一大热门。因为生物的形态经过亿万年的变化,往往已形成最佳结构,如人体骨骼系统具有最少材料、最大强度的构造形态,可以通过最优论的观点来学习模拟建造工程结构系统。

(2) 生物流体力学。主要涉及生物的循环系统,关于血液动力学等的研究已有很长的历史,但仍有许许多多的问题尚未解决,特别是因为它的研究与心血管疾病关系十分密切,已成为一门备受关注的学科。

(3) 生物运动学。生物的运动十分复杂,因为它与骨骼和肌肉的力学现象、感觉反馈及中枢控制牵连在一起。虽然各种生物的运动或人体各种器官的运动测定与分析都是重要的基础研究,但在仿生机械学中,目前特别重视人体上肢运动及步行姿态的测定与分析,因为人体上肢运动机能非常复杂,而下肢运动分析对动力学研究十分典型。这对康复工程的研究也有很大的帮助。

(4) 生物运动能量学。生物的形态是最优的,同样,节约能量消耗量也是生物的基本原理。从运动能量消耗最优性的特点对生物体的运动形态、结构和功能等进行分析、研究,特别是对有关能量的传递与变换的研究,是很有意义的。

(5) 康复工程学。包括如动力假肢、电动轮椅、病残者用环境控制系统等。它涉及许多学科和技术,比如对于动力假肢,只有在解决了材料、能源、控制方式、信号反馈与精密机械等各种问题之后才能完成,而且这些装置还要作为一种人—机系统进行评价、试用,走向实用化的道路是非常艰难和曲折的。

(6) 机器人工程学。它是把生物学的知识应用于工程领域的典型范例,其目的一是省力;二是在宇宙、海洋、原子能生产、灾害现场等异常环境中帮助和代替人类进行作业。机器人不仅要有移动功能的人造手足,而且还要有感觉反馈功能及人工智能。目前研究热点为人造手、步行机械、三维物体的声音识别等。

蜂巢的数据

这种六角形所排列而成的结构叫做蜂窝结构。因这种结构非常坚固,故被应用于飞机的羽翼以及人造卫星的机壁。蜂巢内外面的巢穴(叫做巢房)刚好一半相互错开,相互组合六角形的边交叉的点是内侧六角形的中心。这是为了提高强度,防止巢房底破裂。另外,从剖面图可知,两面的巢房方向都是朝上的。

蜂巢是严格的六角柱形体。它的一端是六角形开口,另一端则是封闭的六角棱锥体的底,由三个相同的菱形组成。18世纪初,法国学者马拉尔奇曾经专门测量过大量蜂巢的尺寸,令他感到十分惊讶的是,这些蜂巢组成底盘的菱形的所有钝角都是109°28′,所有的锐角都是70°32′。后来经过法国数学家克尼格和苏格兰数学家马克洛林从理论上的计算,如果要消耗最少的材料,制成最大的菱形容器正是这个角度。从这个意义上说,蜜蜂称得上是"天才的数学家兼设计师"。

仿生与机械

生物对工程结构的启示

前面我们提到过，经过了亿万年的进化，生物的形态是最优的。形形色色的生物结构中，有许多巧妙最佳利用力学原理的实例，让我们从静力学的角度出发，来观察一下生物形体结构对人类工程设计产生的影响。

自然界有许多高大的树木，其挺直的树干不但支撑着本身的重量。而且还能抵抗大风及强烈的地震。这除了得益于它的粗大树干外，还靠其庞大根系的支持。一些巨大的建筑物便模仿大树的形态来进行设计，把高楼大厦建立在牢固可靠的地基上。

植物的果实担负着延续种族的任务，亿万年的进化使其果实多呈圆形。圆的外形使它们在较小的空间占用最大的体积来存贮营养，同时使它们对外界的压力如风力等有较大的抵抗力。如花生、核桃等还有着坚硬的外壳，可以保护里面相对娇嫩的果仁。同样的，动物也具有对自然力的适应性，如蛋壳、乌龟壳和贝壳等，都巧妙利用了一定的力学原理。如果你握住一个鸡蛋，即使加力挤压，也很难把它弄破。原来蛋壳的拱形结构与其表面的弹性膜一起构成了预应力结构，在工程上称为薄壳结构。

自然界中巧妙的薄壳结构具有各种不同形状的弯曲表面，不仅外形美观，还能够承受相当大的压力。在建筑工程上，人们已广泛采用这种结构，如大楼的圆形屋顶、模仿贝类制造的商场顶盖等。

动物界中，辛勤的蜜蜂被称为昆虫世界里的建筑工程师。它们用蜂蜡建筑极规则的等边六角形蜂巢，无论从美观和实用角度来考虑，都是十分完美的。它不仅以最少的材料获得了最大的利用空间，而且还以单薄的结构获得了最大的强度。

在蜂巢的启发下，人们仿制出了建筑上用的蜂窝结构材料，具有重量轻、强度和刚度大、绝热和隔音性能良好的优点。同时这一结构的应用，已远远超出建筑界，它已应用于飞机的机翼、宇宙航天的火箭，甚至于我们日常的现代化生活家具中。

像动物那样行走

现代的各种交通工具，如汽车、飞机、舰船等，均需要一定的工作条件，若在崇山峻岭或沼泽中则无法工作。但自然界中有各种各样的动物，在长期残酷的生存斗争中，它们的运动器官和体形都进化得特别适合在某种恶劣环境下运动，并有着惊人的速度。

蝗 虫

昆虫是动物界中跳跃的能手，许多昆虫的后腿特别发达，跳跃的本领异常高超。就目前研究所知，叩头虫和蚤类为动物界跳跃的冠亚军获得者，它们的跳跃高度一般为其体长的几十倍、而且无须助跑，就会产生极高的加速度。而集跑、跳、飞于一体的全能冠军，则非蝗虫莫属。它有着异常灵活、机动的运动能力，给农作物带来巨大灾害。但若抛开这一点，单独研究其运动形态，则会给我们以很大的启迪。如果研究出了它的运动奥秘，则对目前飞机的改进有很大的促进意义，倘若离开了跑道，喷气式巨型飞机是无法起飞的，但蝗虫则完全用不着这些。

动物界中的跳跃能手还有羚羊和袋鼠，这在非洲及澳大利亚的大草原上是非常著名的。带轮的汽车在沙漠上行走时会异常困难，但羚羊和袋鼠却是如鱼得水。它们是依靠其强有力的后肢在沙漠上跳跃前进的，现在已研制出一种"跳跃机"，在坎坷不平的田野或沙漠地区均可通行无阻。它没有轮子，是靠4条腿有节奏的相互协调的起落来前进的。

但是世界上还有许多地方，即使你拥有强壮有力的腿，也是无法行进的，如南北极的茫茫雪原，杂草丛生的泥泞的沼泽地区等。漫步在南极茫茫雪原的绅士——企鹅，给了人类以极大的启示。它们在紧急情况时，可以以30千米的时速飞跑，这是因为经过2000多万年的进化，企鹅的运动器官已变得非常适宜于雪地运行。它只要扑倒在地，把肚子贴在雪的表面上，蹬动双脚滑

仿生与机械

雪,便可飞速向前。受它的启发,人们已研制出一种越野汽车,可在雪地与泥泞地带快速前进,速度可达 50 千米/小时。

人类在水上航行的历史十分悠久,但活动能力却非常有限,远远不如人类在空中飞行和陆地上行走所取得的成就。许许多多鱼类的航速可轻而易举地超过目前世界上最先进的舰艇。其原因也是来自于大自然无所不在的进化改革,是亿万年来鱼儿为了适应水中生活,便于追逐食物和逃避敌害的进化结果。

首先,鱼类的航行速度得益于其理想的流线型体形。这种体形使得它们受到摩擦阻力和形状阻力的共同作用尽可能地减小。另外人们还发现,鱼在水中运动时,由于尾部的摆动,产生一种弯曲波,使鱼的运动速度大为提高。

另外,有些鱼的身体表面还附有一种黏液,这种黏液也能降低鱼在水中运动的摩擦阻力。

目前,有许多新型船只是按照鲸和海豚的体形轮廓及其身体各部比例而建造的,据称航速大为提高。

另外,最新的研究成果表明,海豚之所以游得快,不仅仅是因为其流线型体形,还由于其特殊的皮肤构造。

大家知道,物体在水中运动时受到的阻力的大小,与流经运动物体表面的水的流动形式有关,若水接触的是钢铁等坚硬性的表面,则由于水流产生混乱现象,水的阻力会随之增加;若水接触的是柔软且具有极微细凹凸面的物体表面,则由于物体表面本身具有吸收和消除产生水流混乱的现象,所以水的阻力会下降。

海豚的皮肤可分为 3 层。第一层是光滑柔软的表皮层;第二层是白色的真皮层,它生有无数的乳头状、中空的突起物,且伸向黑色的表皮里面;第三层是很厚的脂肪层,很有弹性。这种构造,使海豚在水中游泳时,皮肤能顺从水的压力而波动,阻力小,摩擦力也小,其航速就快。人们模仿海豚的皮肤构造,用橡胶制成人造海豚皮——片流膜,装在潜水艇上,使湍流减少了 50%,大大提高了潜水艇航行的速度。

随着航空知识和对飞行生物有关知识的增加,人们在长期的飞行实践中,对飞机的机身、机翼和发动机进行了不断的改进,并取得了较高水平。

目前超音速飞机的时速已达到 3600 多千米,它已经接近声音传播速度的 3 倍;军用歼击机已能飞到 30000 米以上的高空,爬升的速度也能达到 200 米/秒;军用轰炸机的航程可达 12000 千米以上。飞机载重能力也有了较大提高,大型运输机虽然自重已达 250 吨以上,还可以运载 80 多吨物资。

尽管如此,动物在千万年的自然淘汰和进化过程中所掌握的飞行本领,仍值得人类学习和借鉴。

现代飞机的起飞和降落都需要很长的跑道,即使是直升机也要像篮球场一样大小的空地,作为起飞和降落的基础。但飞行动物均不需任何空地和跑道,能在刹那间腾空而起远走高飞。

目前飞机的燃料消耗非常大,一架"波音747"飞机在运输50吨货物时,要消耗100吨轻油,是所载货物重量的2倍。但鸟类在长途飞行中却能充分利用空气的浮力,有时滑翔,有时振翅飞行,非常节省动力、如果按照鸟类动力消耗的情况来计算,目前的轻便飞机在飞行32千米之后仅需0.5升的汽油,但实际上要消耗4升。

因此,对飞行生物飞行本领的研究还需要仿生学家做出进一步的努力,从它们身上可以发现一些尚未被人类掌握的空气动力学规律,这对于我们研制及改进飞器,是非常有益的。

灵活实用的爪子

二趾树懒的两只弯长利爪能牢牢地钩住树枝倒挂身体,不仅睡觉时不会坠落,就是它死后也还牢牢地挂在树上,主要原因就是它能依靠自身的重力使弯爪越钩越紧。这种结构为设计起重机挂钩提供了很好的模型,具有科学的力学原理。

食蚁兽的前爪可以轻易地刨开坚硬的地面,模仿食蚁兽的前爪制造出一种轻便的耕作机,肯定会大受农民的欢迎。狼獾、穿山甲、鼹鼠都是打洞的好手,根据它们的打洞方式去设计制造新型打洞机械,人们开掘隧道、采矿、挖煤将变得轻而易举。河狸是兽中的筑坝能手、"水利专家",其效率和精巧程度令人叹为观止,值得人们借鉴。

河狸的大坝

河狸是啮齿动物中的"巨人",栖居于近水的森林地带,它修建水利工程为自己服务的历史,恐怕远远超过了人类。河狸巢穴从水下斜着向河岸挖掘仿生与机械

成。其巢室虽在水上,洞口却在水下,为了保障安全,必须保持一定水位,把洞口隐蔽起来。这样,它就成了筑坝修堤、蓄水为池的能手。它干起来像经验丰富的工人。在筑巢的地点,它把树枝用力插进河床,用粗树枝压住,并搁上石块,树枝间的缝用细枝、芦苇混以软泥堵实,使之完全不漏水。为了抵挡流水的压力,在坝的下方用叉棍将坝撑住。坝定在巨石或活树上。坝修成后,就出现了一湾平静的湖水,可供河狸游泳、觅食,并便于筑巢之用。

肌肉的秘密

科学家们一直对人的肌肉运动进行研究。他们发现,人的肌肉是最简单的生物机械装置。

人的肌肉占了人体重量的40%。活的肌肉,是一台没有齿轮、活塞和杠杆的神奇"发动机"。它具有惊人的动力,能提起比它自身重许多倍的重物,任何现代机器都要由"动力设备"(内燃机、电动机等)和"工作机械"两部分所组成。然而在活肌肉里,这两者却是合为一体的。人造机器结构复杂,高速运转,磨损和维修是个大问题,因此是"短命"的机器。而活肌肉则是"自我维修"的机器,因而是"长命"的。科学家们最感兴趣的是肌肉在把化学能转变成机械能时只需一步:在神经信号的刺激下,肌肉收缩变短变粗,直接把食物的能量转变为机械动力,牵引肌腱而使人运动。这里,肌肉是把食物的化学能直接变成了机械能,效率高达80%。而人造机器则必须先把燃料的能量变成热或电,然后再转换为机械能,产生运动。显然,能量的转换每增加一个步骤,就必定要损失掉一部分,从而降低了机械的效率。涡轮机是一种高效率的热机,但它的效率只有40%。

人们模仿活肌肉的这种优异特性,用聚丙烯酸等聚合物,制成了"人工肌肉",把它放在不同的介质(碱、酸等)之中,便会有效地收缩或者松弛。这种可以直接把化学能转变成机械能的机器,我们把它叫做"机械—化学机"。如再配合一定的机械装置,它就能提起重物,或者实现机件的往返运动。

活肌肉是一种新型的机器。人们模仿肌肉的工作原理,用包在纤维编织成的套筒里的橡胶管,或用含有纵向排列的纤维(钢丝、尼龙丝等)的橡胶管,制成了"类肌肉装置"。它可以带动残废者的假肢,也能开动其他机器。

此外，目前人们还制成了一种"肌飞器"——扑翼机，并且模仿人的膝关节和肌肉系统制成了"液压运动模型"，使"机器人"像真人那样行走。

人体的大多数肌肉都是以"颉颃音肌"的形式成对地排列的。就是说，一束肌肉生长在牵引肢体向上运动的位置，而另一束肌肉则生长在牵引肢体向下运动的位置。例如，在身体前侧向下拉的那些肌肉阻止身体后仰，而后面向下拉的那些肌肉则阻止身体前倾，这种成对排列的肌肉组成了保持人体直立的颉颃肌。

研究表明，生物界的这种用两个产生拉力的"单向力装置"组成的双向运动机械系统，远比工程技术上惯用的用一个推拉"双向力装置"组成的系统优越得多。只要在成对的颉颃肌上施加不同的张力，就能使人和动物体的骨架（机械杠杆）在任何位置保持稳定。颉颃肌的杠杆，能够承受从最轻到最重的各种压力。对颉颃肌的模拟，可以圆满解决各种"机器人"、"步行机"等的行走机构的设计。人们研制了一种"步行机"，它有强有力的手臂和两条长腿，能越野行走、搬运重物。这种"步行机"腿长3.6米，能走斜坡、转弯、横向跨步，能跨越障碍，步行速度可达56千米/小时。操作人员做一定的动作，"步行机"就跟着做近似的动作。

根据肌肉和关节活动原理，科学家们最近研制出了一种用于森林和农田除草的"机器昆虫"。它有6条腿，每条都由压缩空气驱动，可以跨越1.80米高的障碍物。它还可以分辨出树木和杂草。随着科技的发展和科学家们的精心研究，必定会有更多的意想不到的奇异的机器出现，它们将使我们的世界更加丰富多彩。

龙虾的眼睛与天文望远镜

龙虾不仅是我们的食物，它还给了人类一个非常有益的启示。

生物学家们在研究龙虾时发现，它的眼睛与众不同！龙虾的眼睛由许多极细的能反射光的细管组成，这些细管整齐地排列，形成一个球面，当外来光接触到这个球面时，相应的细管就会感知这些光，并会产生反射，就这样，在很远的地方，龙虾就可发现它们的敌人，从而使自己能够及早逃避，保全自己的性命。

根据龙虾眼睛的这种结构特点，美国的科技人员研制出了一种新型的天

文望远镜,它可使观测范围大大增加。

以往使用的 X 射线望远镜采用的是类似人类眼球构造的结构,它的测量范围比较小,不适合大范围的天空探测,容易遗漏宇宙中突发的 X 射线变化,使人们会失掉对宇宙探测的许多宝贵信息,给天文研究工作造成难以预料的损失。

目前新研制出来的 X 射线天文望远镜是由大量内壁光滑的细管组成的。这些细管整齐地排列成一个球形表面,当 X 射线到达这一球形表面时,就会射入相应的细管中,并在细管中产生反射现象,根据反射状况就可探测出 X 射线的方向、波长、强度。这种望远镜可以探测到天空 20% 的范围,大大提高了 X 射线探测的效率。

X 射线

X 射线是一种波长很短的电磁辐射,其波长约为 $(20 \sim 0.06) \times 10^{-8}$ 厘米之间。伦琴射线具有很高的穿透本领,能透过许多对可见光不透明的物质,如墨纸、木料等。这种肉眼看不见的射线可以使很多固体材料发生可见的荧光,使照相底片感光以及空气电离等效应,波长越短的 X 射线能量越大,叫做硬 X 射线,波长长的 X 射线能量较低,称为软 X 射线。当在真空中,高速运动的电子轰击金属靶时,靶就放出 X 射线,这就是 X 射线管的结构原理。

X 射线的特征是波长非常短,频率很高。因此 X 射线必定是由于原子在能量相差悬殊的两个能级之间的跃迁而产生的。所以 X 射线光谱是原子中最靠内层的电子跃迁时发出来的,而光学光谱则是外层的电子跃迁时发射出来的。X 射线在电场磁场中不偏转,这说明 X 射线是不带电的粒子流。1906 年,实验证明 X 射线是波长很短的一种电磁波,因此能产生干涉、衍射现象。X 射线用来帮助人们进行医学诊断和治疗;用于工业上的非破坏性材料的检查;在基础科学和应用科学领域内,被广泛用于晶体结构分析,及通过 X 射线光谱和 X 射线吸收进行化学分析和原子结构的研究。

尺蠖对坦克的启示

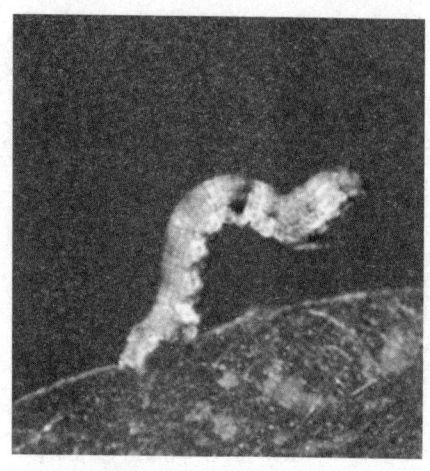

尺　蠖

有种动物叫尺蠖，它前进的时候是身体一屈一伸地行动，人们模仿它的行走方式，制造出了一种带有行走部分的轻型坦克。这种坦克能够越过较大的障碍物，当它隐蔽在掩体里时，能升起炮塔射击，射击后再隐蔽起来。这种坦克的通行能力比以前的坦克提高了许多。

设计人员还模仿双壳贝壳的构造，设计了具有较好流线型的炮塔，并大大降低了坦克高度。这种坦克车内的武器装备排列得十分紧密，是模仿软体动物的消化器官排列的。像软体动物吃食物那样，炮弹从弹药盒进入炮塔，而后沿类似于食道的送弹槽被送到类似于胃的炮的后部，周围的类似于消化腺的药室则可收集和排出射击时产生的火药气体。在像贝壳的顶盖下面，有2个供坦克乘员半躺的座椅。这一方案，是为解决现代坦克的重要设计问题的一种卓有成效的尝试。

坦　克

坦克，或者称为战车，现代陆上作战的主要武器，有"陆战之王"之美称，它是一种具有强大的直射火力、高度越野机动性和很强的装甲防护力的履带式装甲战斗车辆，主要执行与对方坦克或其他装甲车辆作战，也可以压制、消灭反坦克武器、摧毁工事、歼灭敌方有生力量。坦克一般装备一中或大口径火炮（有些现代坦克的火炮甚至可以发射反坦克/直升机导弹）以及数挺防空（高射）或同轴（并列）机枪。

仿生与机械

模仿人的机器人

机器人这一名词最早出现于19世纪,但直到20世纪50年代后期,机器人才走出了科学幻想,进入了科学技术领域。那时,在市场上出现了2种机器人,一种取名为"万能自动机械",一种取名为"通用搬运机械",并构成了今天机器人发展的基型。

一般说来,可以从2个角度来对机器人进行定义。从工程的角度出发,认为它属于一种自动机械,具有对环境的通用性和实用性,操作程序简便,而且可以实现独立的随意的运动。若从仿生学的角度看,则认为它是具有近似人类相当部分功能的机械,它能执行与人类似的动作,且具有类似人的某种智能,如记忆、再现、逻辑运算、学习、判断、感知等。

机器人由硬件和软件两大部分组成。为了使机器人能够从事复杂的工作,执行与人相似的一些动作,必须要使它的机构和功能都具有很大的灵活性。同时,还要有能对其运动器官进行巧妙控制的软件,两者互相配合、协调运行。

从20世纪50年代以来,机器人技术已有了很大的进步,按照其功能和类型的发展,大体上可把它划分为以下3个时期:

第一代机器人,是使用存储和程序控制的自动机器,在20世纪60年代初问世,即目前能够在部门实用的重复型机器人,常称为工业机器人。它的动作包括示教、存储、再现和操作4个步骤。它可以通过示教输入操作程序,在存储装置内存储一系列的操作内容,并利用存储内容的再现,自动地重复进行工作的一种通用自动搬运机械。

它存在的问题包括:

(1) 传感器与反馈问题。它一般没有触觉及反馈系统,不能用触觉去发现物体放的位置与姿态,所以不能做出灵巧的动作。

(2) 视觉问题。由于它没有眼睛,不能辨别物体的种类,不能看出零件安装位置,也不能进行视觉检查。

(3) 适应能力问题。由于它只按事先存储的程序动作,不能随环境和作业对象的变化而自动更改作业内容,几乎不能把复杂的装配作业编成程序。

(4) 运动自由度问题。一般来说,这类机器人的运动自由度小,手的柔软性差，没有移动的脚。

这种机器人的最大优点在于能把人类从危险、恶劣、单调的工作环境中解放出来，做到工业生产的自动化与省力化，目前仍然得到广泛的应用。

第二代机器人与第一代的根本区别在于其智能性。它具有感觉识别又具有某些思维功能，并由这些功能控制动作，是具有与人类相类似智能的自动机械。其发展主要开始于20世纪70年代，主要用在各种对人有害的环境中作业，它能在操作人员操纵下进行工作，或按照人的指令在未知环境中从事高水平的作业。一般把前者称为近距离操纵型机器人，后者称为远距离操纵型机器人。

假如说在20世纪60年代主要用示教重复型机器人来做"放"与"拿"工作，那么到了20世纪70年代，开始用智能机器人进行"寻找"与"发现"对象物，今后的10年将是机器人大发展的10年，智能机器人的时代已经到来。

目前世界上已有几万台机器人，其品种和功能多种多样，应用范围相当广泛，可归纳为：

（1）危险环境条件替代作业。原子能生产、宇宙开发、空间飞行、海洋开发、军事工程、救火等领域。

（2）社会福利。假肢、高级作业程序及语言控制的假肢、医疗机器人、家用机器人等。

（3）生产自动化领域。工业机器人，装配、检验、系统管理机器人等。

总之，机器人的研究领域相当广泛。可以从仿生学的角度对人和动物肢体的运动学和动力学进行研究，使机器人具有类似生物运动的机构，也可以从生理学的角度对生物体的视觉、触觉和听觉系统进行研究，并作出其物理模型，以便研制机器人的理想信息处理系统；还可以采用电子计算机，进行机器人智能信息处理和肢体运动控制的研究等。

飞鸟与冷兵器

大家对电视或电影中的古战争场面比较熟悉吧！万马奔腾、狼烟滚滚，士兵们高举戈矛，奋声呐喊，跟随主将出击。

戈是古代战争中一种非常重要的武器，也是最早的进攻性武器。可是，

仿生与机械

你大概不会想到，戈是我们聪明的祖先受到鸟嘴和兽角的启发制造出来的。

啄木鸟尖尖的长嘴巴是那样的锋利，可以啄穿树木；秃鹰铁钩子一样的嘴巴可以置敌人于死地，犀牛的独角让兽中之王感到害怕；斗鸡在战斗中将对手啄得鲜血淋漓，鸟嘴和兽角保护了它们自身，是它们生存的必不可少的工具。

在石器时代，我们的祖先过着群居生活，靠打猎为生。刚开始的时候，他们围住野兽，用石块和木棒攻击野兽。但是，如果遇到巨大和凶猛的野兽，石块和木棒往往不能制服它们。祖先们发现，禽兽们常用嘴、角进行攻击和防御，因而受到启发，开始将兽角绑在木棒上，制成兵器，这就是戈的雏形。后来，他们又用石头做成禽兽嘴或角的样子来制造戈。原始的戈虽然很粗糙，使用也不方便，但却体现了兵器制造较为先进的仿生工艺，是古代中国人的一大贡献。

戈

钻头技术的灵感来源

古代动物通常在脑子和神经系统发育方面比不上现代动物，而在有些方面它们却十分完善，甚至超过它们的后代——现代动物。值得注意的是，在仿生学取得的成绩中，有些是由于利用古代残留下来或古老的动物作为模型而出的成果。例如，模仿水母制成了风暴预测仪，而水母已经在海洋里生活几亿年了。

鲸形船实际上模仿的是鱼龙类，因为在鲸出现前许久，狭鳍龙就已具有同样的体型了。同时，鱼龙是并不比海豚差的游泳能手，因其构造比海豚简单得多，就显得更容易模仿。

人们已经根据松鼠和田鼠的牙齿构造，创造出自动磨刃刀具。但是，如果这些动物与恐龙相比，却只能是十分无能的啮齿类了。恐龙是生活在距今22000万~7000万年前的中生代的巨大爬行类，它们曾盛极一时，成为地球表面的统治者（那时尚无人类）。

新中国成立后，在我国境内已发现了许多恐龙和恐龙蛋化石。例如，1957年在四川省合川县太镇古楼山腰发现的恐龙，身长22米，3.5米，重达30~40吨。在内蒙中部二连浩特发恐龙——鸭嘴龙，身高5米，至少重10~20吨以上。在它那扁平宽大的鸭式嘴中，长有400~500颗牙齿，它们成排地丛生在颚骨内。在鸭嘴龙的生活中，上面的牙齿磨去，下面的依次递补上去，在一生中至少要消耗上千颗牙齿！我国地质学工作者在山东省诸城县发现的一种鸭嘴龙化石，从脚趾到头顶高达8米，是目前世界上已经发现的鸭嘴龙化石中最大的一具。

在恐龙当中，有一种叫雷龙，能活200多岁，不难想象它在一生中要磨损多少牙齿！梐龙（一种象蹄类的恐龙）的牙齿很有趣，每一牙齿序列由相互重叠的3颗牙组成。在工程技术上，已依据梐龙的牙齿配置试制出"二重"钻头，使用这种钻头，可使钻探速度提高1.52倍。

鸭嘴龙

鸭嘴龙出没于1亿年前白垩纪晚期，这时正是恐龙发展的顶峰时期，所以它们的数量很多，在吃植物的恐龙中约占75%。它是一类较大型的鸟臀类恐龙。最大的有15米多长。鸭嘴龙的吻部由于前上颌骨和前齿骨的延伸和横向扩展，构成了宽阔的鸭状吻端，故名。

鸭嘴龙是鸟脚类恐龙最进步的其中一大类。在亚洲及北美洲等地，晚白垩世的鸭嘴龙化石到处都有发现。鸭嘴龙是北美最早发掘纪录的一种恐龙。在中国山东、内蒙古、宁夏、黑龙江、新疆、四川等地均曾发现不少鸭嘴龙化石。

仿生与机械

模仿蜘蛛的智能机械

蜘蛛仿生车

有些辛勤的昆虫,昼夜寻花采蜜,它们凭着什么样的夜视眼才能摸黑飞行呢?有人这样假想,它们可能装备了紫外线"雷达"。那些晚间靠昆虫授粉的花儿受了昆虫发出的紫外线照射,便会放出明亮的光芒,昆虫接收到这种回波便追踪而至。同时,人们发现,蜘蛛和它们的网在紫外线照射下却丝毫不发光,这样那些夜行的昆虫就不免误投罗网了。

蛛网一经触动,哪怕是极轻微的震动,蜘蛛腿上特别灵敏的振动传感器立即就感受到了,稳坐蛛网中央的蜘蛛,便会飞奔过去,把昆虫逮住,美餐一顿。

科学家现已探明,蜘蛛的飞毛腿根本没有肌肉,甚至连肌肉纤维也没有。最令人感兴趣的是它的跳跃不是由肌肉,而是依靠压向大腿的体液来提供动力的。蜘蛛的脚竟是一种独特的液压传动机构,在这个装置中的液体就是血液。进一步研究证明,它们依靠这种装置,能够把血压迅速升高,使软的脚爪变硬。也正是依靠这种液压传动,蜘蛛才能成为优秀的跳高运动员,它能跳到10倍于身高的高度。据计算,要取得这样的成绩,它们必须在刹那间把自己的血压提高半个大气压。测量蜘蛛脚伸展时脚爪内的张力,刚巧等于这样的压力。

受蜘蛛脚液压传动机构的启发,加拿大多伦多舞蹈学校教师高登·道顿发明了一种奇特的仿生车。这种座车采用铝和玻璃纤维做材料,重14磅(1磅=0.453592千克),它由液压装置驱动,用一个模铸的座子和在臀部以及脚后跟下的一些小轮子装配而成。使用时,只要对后端和膝盖处的两个活塞中的任何一个施加压力,就可以驱动电动机使液体压入另一个活塞。如果朝后倾斜,液体就涌入较低的活塞,从而使膝盖伸展开;如向前倾则会使膝盖弯曲。虽然仅仅依靠上肢,但使用者看起来就像是在用下肢的小腿移动。

这种蜘蛛仿生车相对于轮椅来说,能给残疾者更大的活动范围。使用者坐姿很低,可以用手来推行。一位每周使用1小时的患者说:"它有点像滑冰板,不同的是你坐在上面。"有关专家认为,这种座车有助于截瘫者生长肌肉，促进血液循环。

蜘蛛机器人

擦拭清洗玻璃，可谓司空见惯的生活小事。然而，伴随着"现代化"的进展，大批高耸入云的建筑拔地而起，封闭式摩天大楼的玻璃清洗问题便日益突出起来。且不说颇费功时，单是其危险程度便不免使人望而却步了。

前不久，美国一家公司推出一种"蜘蛛人"装置，其外形与蜘蛛相仿，身躯下有6只吸脚，能在大楼外自由行走，从容跨越，更令人惊叹的是，这种"面目可憎"的"蜘蛛人"，竟能按指令完成2万个动作，刮、铲、冲、洗，无所不能。回想起来，世界上第一个现代机器人"降临"人间迄今还不过30年，但已迅猛地壮大起来，并不断更新换代，向"智能化"过渡。

机器人不光在上述民用领域里大显身手，而且还跻身于广泛应用尖端科技的军事领域，成为战场上冲锋陷阵、刀枪不入的"钢铁士兵"。美国奥地狄克斯公司对"蜘蛛"式6腿机器人进行了多年的研究。这种机器人的上部是一个圆球玻璃罩，里面装有摄像机和各种传感器；下部为6条细长的有关节的腿，整个机器人的形状酷似一只6腿蜘蛛。腿部可自由地伸直和弯曲，可在平地行走，也可在普通履带车和轮式车无法行驶的地方行走，还可以攀登楼梯或斜坡。"透明脑袋"中的传感器可接收各种信息，操作人员通过无线电控制它的行动。

小麦秆大启示

当你每天早晨骑上自行车去上学或上班的时候，你是否想过自行车是什么时候出现的？设计师又是聘请了大自然中的哪位"参谋"，把车架设计成空心管子的？

那还是在公元1642年，西欧某个城镇的玻璃橱窗上，第一次张贴出一幅自行车的图形，吸引了许许多多的人。过了大约160多年，世界上第一辆自行车才问世。1817年，德国人威廉·福克骑了一架很奇怪的二轮车在小镇的郊外滑跑。车架和轮子都是木头的，没有轮胎，没有坐垫弹簧，也没有链条和飞轮，它靠两条腿在地上蹬着车子滑行。这就是自行车的老祖宗——快步机。

仿生与机械

又过了好多年，人们逐渐地加以改进，使前轮可以活动，并在轴心上安了脚蹬。但前轮与后轮的大小很不相称，前轮直径有1米多，后轮才1尺多，叫人看了感到很别扭。

到了1869年，才出现了类似现在使用的比较理想的自行车。它有铁制的轱轮，橡胶轮胎，转动的部分有了滚珠轴承以及飞轮等。

近年来，许多国家先后制

麦 秆

成了许多式样别致的自行车。例如，有的用轻金属制成折叠式的轻便自行车，车重只有几千克，不用时，折叠起来放进旅行袋里。有的还能变速，多的有10个变速档，适合在各种道路上骑行。还有的用塑料制成，既轻便，又不生锈，还消除了金属摩擦而产生的噪音，很受人们的欢迎。

但不管哪种自行车，车架都是用很薄的空心管子做成的。车架是自行车的骨骼，因此要求有足够的强度。人们从大自然中的麦秆那里受到了启发。你看，一根细长的小麦秆，能够支持住比它重几倍的麦穗，奥妙就在于它是空心管子。

原来，任何一块材料遇到外力发生变形的时候，总是一边受到挤压力，另一边受到拉伸力，而材料中心线附近长度基本不变。这就是说，离开中心线越远，材料受力越大。空心管子的材料几乎都集中在离中心线很远的边壁上，因此，它比一根同样重的实心棍子的刚度要大得多。

麦秆和自行车之间的关系说明了这样一个事实：人们只要虚心向生物界求教，肯定会大有收益。

未来仿生之路
WEILAI FANGSHENG ZHILU

  仿生的目的就是分析生物过程和结构以及它们的分析用于未来的设计。仿生的思想是建立在自然进化和共同进化的基础上的。人类所从事的技术就是使得达到最优化和互相间的协调。而模拟生物适应环境的功能无疑是一个好机会。

  在我们人类的技术世界中，模拟自然中的东西并不是一个新鲜的思想，自从传说中的伊卡露斯带着用鸟的羽毛做成的翅膀飞向空中，而最后因为太阳的热度掉到地上起，人类一直就沉迷于此。仿生学的问世开辟了独特的技术发展道路，也就是向生物界索取蓝图的道路，它大大开阔了人们的眼界，显示了极强的生命力。

■■ 微生物带来的广阔前景

  最近，人类生活中出现了一种新的完全出乎意料的助手——微生物。以前，人们一听到"微生物"这个词，就会想到可怕的传染疾病的细菌。但是，现在已经弄清楚，这些极小的微生物不仅能"生产"疾病，而且能"生产"食品、药品、稀有物质乃至能代替石油的燃料。现代微生物学的成就，是科技革命的一个极其重要的过程。有人甚至说，一个在世界上结束粮食匮乏现

未来仿生之路

象的新纪元即将到来。

采用微生物的范围包括食品工业、保健、动力技术、化学工业和其他许多部门。事实上,利用微生物(如酵母)制造面包、葡萄酒、啤酒、干酪等就是微生物发酵的产物。就在不久以前,人们已经用微生物制出了抗生素和维生素。

从石油和天然气中制取食物

研究微生物利用的首要任务是从单细胞有机体(酵母或细菌)着手制取蛋白质。这些有机体可以在石油中有效地发育。这样培养的作物可获得60%～70%的蛋白质,构成蛋白质的氨基酸适用于动物性食品,换言之,从石油中可以制取肉的代用品,为了降低成本,现在又发明这一套工艺,从甲基醇(甲醇)中生产蛋白质,而甲醇则可从像木材、煤炭、天然气这样"原始的"产品中制取。

在用甲醇生产蛋白质时,会得到60%以上蛋白所用的酵母。此外,这种蛋白质的质量高,可以极好地作补充食品。初步考察已经证明,这些产品的营养像鱼粉、豆粉那样丰富。

利用在生产过程中产生的污染环境的一些废物来制造这种蛋白人工食物引起了人们很大兴趣,例如,造纸厂的废水对环境污染是个老大难问题,如这个问题能解决,既能提供丰富的营养食品,又解决了环境污染问题,真可谓一举两得了。

鲜花盛开的无肥田野

在农业上采用微生物,可以改进植物消耗氮的能力而直接从空气中吸收。这就是说,使植物长得很好,土壤中不施氮肥也可以,而生产氮肥要消耗大量能源(生产1吨氮需要1吨燃料)。

过去施氮肥只为一部分植物所吸收,其他部分被雨水冲走,造成水库河流污染。因此,直接吸取空气中的氮无疑是最理想的,并能提高生物固定氮的能力。

生物固定氮的作用是由于同某些细菌共生的缘故。根瘤菌有效地固定氮,根据植物的种类和土壤的性质,这种共生每年在1公顷土地上能够固定40～400千克氮。这对下一茬大面积种植其他作物,特别是粮食作物实行轮作制时,可以大大减少对土壤的氮肥量。到那时,在鲜花盛开、五谷茂盛的田野上，将看不到施肥工人了，这是一幅多么诱人的前景！

微生物是药剂和除害灵

在微生物利用方面，人们已经学会在发酵过程中制取各种抗生素和维生素。研究人员借助于"天才的工程学"可以提取很复杂的物质：激素、抗病毒剂、免兴奋剂及类似物质。而用目前常规的方法生产这些物质需要消耗大量像胰岛素这样价格昂贵的东西。借助干扰素微生物制取抗病剂的前景更是令人感兴趣，这种制剂可能有最广泛的用途。

目前，全世界都在谈论干扰素，就像谈论一种特别能对付癌症的灵丹妙药似的。微生物也可以制成疫苗。普吕纳教授说："如果这样获得疫苗的技术解决了，那么，节省的资金将是无法估计。"

罗宾教授认为，用微生物还可以生产避孕疫苗，这种疫苗由那些对女性激素系统不起作用的物质构成的。而生命机体构成物质的4个大分子合成工作也获得成功；一个著名的美国学会获取了大脑激素和人体胰岛素；哈佛大学合成了近胰岛素。

在杀虫剂方面，利用微生物的前景也十分乐观。大的自然灾害往往招来以植物为食的幼虫和毛虫。过去，对待这些虫灾的主要办法是化学杀虫剂，不仅费用大，还对环境造成污染。现在，生物杀虫剂已发明并开始销售。与化学杀虫剂不同，生物杀虫剂不污染环境，而且完全是无害的。

目前，正在探索更活跃细菌的变种，并以此为基础制造效果更好的杀虫剂。生物杀虫剂也能消灭疟蚊和其他病原体。

现代微生物学在一些最意外的领域得到应用。美国有个铜矿，用生物洗矿法每天从25万吨矿石中提炼出150吨铜。这种方法是用微生物饱和的液体冲洗矿石，最后使和金属构成的硫的化合物变成沉淀的硫酸铜。这种已为我国所采用的方法具有广阔的前景，因为用这种方法可以最低的动力消耗从贫矿或副产品中提炼出金属。生物工程学应用的领域就是如此广泛。

生物工程

生物工程，是20世纪70年代初开始兴起的一门新兴的综合性应用学科，

未来仿生之路

90年代诞生了基于系统论的生物工程，即系统生物工程的概念。所谓生物工程，一般认为是以生物学（特别是其中的微生物学、遗传学、生物化学和细胞学）的理论和技术为基础，结合化工、机械、电子计算机等现代工程技术，充分运用分子生物学的最新成就，自觉地操纵遗传物质，定向地改造生物或其功能，短期内创造出具有超远缘性状的新物种，再通过合适的生物反应器对这类"工程菌"或"工程细胞株"进行大规模的培养，以生产大量有用代谢产物或发挥它们独特生理功能的一门新兴技术。

生物医学将成为疾病克星

生物医学工程学是一门高度综合性的学科。它运用自然科学和工程技术的原理和方法，从工程角度了解人的生理、病理过程，并从工程角度解决防病治病问题。它涉及的范围很广，包括数学、物理学、化学、生物学等基础学科，也包括声、光、磁、电子、机械、化工等工程学科，而它应用于医学又遍及基础医学、临床医学和预防医学的各个学科。

生物工程在各方面的应用

现在，生物工程已经发展成为一个新兴的工业部门。短短10年时间，部分产品已经达到了应用阶段。

医药工业方面。1977年，美国第一次用大肠杆菌发酵生产人的生长激素——生长激素释放抑制素。1981年已经正式投放市场。1982年底，美国的基因技术公司和有名的利莱化学制品公司联合生产出人的胰岛素。可望不久将供应市场的产品有乙肝炎疫苗、阿尔法型干扰素、伽马型干扰素、尿激酶等基因工程新药。这些新药给癌症、脑血栓、血友病、侏儒症等疾病患者带来了新的希望。其他用基因工程生产的免疫球蛋白、流感疫苗、小儿麻痹疫苗等也都已进入试制的最后阶段。单克隆抗体技术已经广泛应用在临床诊断、监测以及对疾病的进一步治疗上。

兽用药物方面。用基因工程生产猪、牛的幼畜腹泻疫苗也已经在荷兰正式投产。其他如猪、牛生长激素、牛干扰素，以及口蹄疫疫苗、狂犬病疫苗等多种疫苗已经进行试验性生产。

农业方面。正在研究用遗传工程的方法使小麦、水稻等农作物能够吸收空气中的氮，自行固氮。如果成功，就可以大幅度地提高单位面积产量，并且避免施用尿素等化肥所带来的环境污染和氮化物致癌等弊病。现在已经能够取出大豆上的固氮基因放到小麦、水稻根部细菌上去，但是还不能表达它的作用。这牵涉到一系列的基本理论问题，还没有突破。

工业方面。可以用基因工程培养出特殊的"超级细菌"。这种细菌喜爱吸收某种金属，这样不用花大力气就能够探明矿藏，并且利用它来进行采矿。据统计，全世界每年用"超级细菌"浸出的铜高达 20 万吨。培养某种"超级细菌"还可以吸掉石油里某种杂质，相应减低石油产品的成本。

食品工业方面。国外应用遗传工程的发酵法和酶法已经生产了 18 种氨基酸，年产量达到 30 万吨。苏联用生物工程方法生产的单细胞蛋白，年产量达到 120 万吨。

能源方面。目前正在研究能够再生的生物能源，如用基因工程培养特殊的细菌，把没有用的植物纤维素分解成葡萄糖，生产酒精，用来补充或替代石油。

生物工程作为一门新兴的工业，今天还处在方兴未艾的开发阶段，但是它越来越引起人们的高度重视，相信它在人类的生活中将日益显示出巨大的作用。

细胞合成的医学启示

生物的活细胞，是天然化工厂。生活活动所必需的一切有机物质，都是由细胞合成的。在生物合成中，起关键作用的是酶。生物酶比化学工业上应用的无机催化剂效率高，而且不需要高压、高温，既方便，又经济。生物酶的模拟成功，将会给化学合成工业带来革命。

研究活动细胞内的有机合成，给了人们很大的启示，这表现在有成效地借用这些天然物质的结构或个别生化反应原理和整个生物合成路线。

早在 19 世纪，人们就学会了从植物中提取颜料、药物和许多其他有用的物质，例如植物碱吗啡（止痛剂）、奎宁（治疟疾药）、毛果芸香碱（抗青光药）和利血平（抗高血压药）等。但是，人们并不满足这种简单的提取，许多重要的生物碱、维生素、激素和抗生素的人工合成法接着问世了，它显示出较大的优越性。

在某些场合下，人工合成的产物，例如维生素 A、C、B_1、B_6、H 抗生素左旋霉素等，都比天然产物更加理想。研究生物细胞内合成的某些物质的结构特性，使人们发现了一条寻找具有同样或更高的生物活性的化合物的途径。例如，在天然生物碱及人工模仿物中，其结构比吗啡分子骨架的纯合成制剂普罗美多，比吗啡具有更高的止痛作用；改变毒扁豆碱（眼科用药）和管箭毒（松弛肌肉药）分子，人们合成了高活性的模仿物，特别是溴化十烃季铵。这里，模仿物与其天然物质相似，不仅表现在纯结构上，而且也在生物活性中反映出来了。

生物黏胶

茗荷儿一类海洋甲壳动物在成熟初期能分泌出一种黏液，把自己终生固定在一个地方。这种黏液黏着极为牢固，于是科学家们便着手研究以便人工合成。

据估计，类似茗荷儿的"特种黏合剂"，可以在最近 5~10 年内合成。据称，这种黏合剂具有很高的抗张强度，因此，用来黏接建筑结构单元，可以说是"超级水泥"。同样，也可用于造船和机械制造业等。进行电气安装时，有的电子元件不耐热，不宜焊接，用这种黏合剂可说是理想极了。海员们都知道船漏了难办，特别是油船，补漏一直是个棘手的问题。

茗荷儿

有了这种黏合剂，便可在水下 5~10 分钟内将钢板黏在漏洞和裂缝。这种黏合剂与现在的几百种黏合剂比较还有一个优点，即不一定需要"清洁而干燥"的表面。这一点在医疗上也是很有用处的。因为现在虽已制造出用来止血和代替手术线的黏合剂，但类似茗荷儿黏液的黏合剂将更加优越：如果皮肤划破了口，像黏接纸一样，用它一黏即合，你看多好啊！

杀菌史上的革命

苍蝇到处乱飞，污染环境，传染疾病，使人生厌。其实，深入探讨，苍蝇具有很强的抗病本领。如果我们在显微镜下去观察的话，整个苍蝇，是完全处于细菌的包围之中，在它身上生活的细菌是上亿，甚至上百亿。而苍蝇自己却能"安然无恙"。在二战中以及二战结束之后，苍蝇问题引起了许多军事科学家、生物学家、病理学家的极大兴趣。他们带着各自的目的在进行研究。结果发现苍蝇的进食方法与众不同，它是一边吃，一边吐，一边又拉，真是"吃、吐、拉一条龙"。它的消化道工作效率之高，是其他任何一种动物也无法与之比拟的。当食物进入消化道后，它可以立即进行快速处理。在 7～11 秒钟之内，可将营养物质全部吸收，与此同时，又能将废物及病菌迅速排出体外。当病菌进入苍蝇体内，刚好准备要"繁育后代"时，却被苍蝇迅雷不及掩耳地将它们排出体外。这样高速度、高效率，真叫人"叹为观止"，因为这在动物界可说是绝无仅有的。

但事物往往不是绝对的，也有个别的强硬对手具有快速繁育后代的能力，它们可在三五秒钟之后产卵育后。碰上这样的细菌，苍蝇体内有可能"大闹天宫"，甚至令其"命归黄泉"。在这种情况下，苍蝇只好用最后一张"王牌"。

在 20 世纪 80 年代中期，意大利病理学家莱维蒙尔尼卡博士研究发现：当病菌侵入苍蝇机体，使它的生命受到威胁时，它的免疫系统就会立即发射 BF 和 BD 的球蛋白。这两种球蛋白，说得确切一点，可以叫做"跟踪导弹"。它们会自动射向病菌，引起爆炸，与敌人"同归于尽"。更为神奇的是，BF 和 BD 这两种球蛋白从免疫系统发射出来时，它们是双双对对，一前一后，自找目标，从不错乱。更叫你无法理解的是，这两种球蛋白在消灭对手时，一定以"彻底消灭干净"为最终目的。

人类常用的抗生素药物，例如青霉素、庆大霉素之类，如果与 BF、BD 比较起来，那才是"老式步枪"与"现代冲锋枪"的较量，不知相差多少倍。正因为如此，目前有许多病理学家们正在潜心研究，想把它们应用到人类的抗菌治病方面来。如果能提取 BF 和 BD 用于人类抗菌，无疑将是一大福音。

最近，日本东京大学药理学教授名取俊二先生，在他几年的实验和研究中，竟然在家庭常见的大麻蝇体液中，成功地提取了外源性凝集素，并从这种蛋白质中分离出了核糖核酸。他用这种凝集素应用于试验，奇迹般地发现，这种外源性凝集素能有效地干扰哺乳类动物体内的肿瘤细胞，首先是使肿瘤萎缩，随着时间的推移，竟慢慢地消失了。无疑，这对于人类的抗癌治癌开辟了一条新的途径。

肺鱼的"安眠药"

在非洲，有一种名叫肺鱼的珍奇动物。这种鱼是介于鱼与两栖类中间类

未来仿生之路

型的动物。它用肺呼吸，两胸鳍很像动物的前肢，它就靠这两只前肢在陆地上爬行。肺鱼的生存，已经有4亿年的历史了。科学家们认为，它是自然界中最先尝试由水生转向陆生的动物。这种奇异的肺鱼生活在中非洲的淡水沼泽里。当长达数月之久的旱季来临的时候，它们就钻到烂泥深处，昏睡休眠，直到雨季来临，才出来活动。

肺 鱼

这种有趣的鱼引起了有关科学家们的极大兴趣。不少科学家认为，在昏睡不醒的动物体内，一定存在着一种能引起睡眠的激素。这种睡眠激素将能帮助千百万苦于失眠而求助于安眠药的人们。

现在科学家已经从非洲肺鱼的脑组织中提出了一种物质。第一次生物实验已获成功。将这种物质引入实验动物老鼠体内，它们能很快入睡，而醒后精神爽快，显得很健康。

激素与人造血

我们知道，人的激素对生长、消化、生殖等过程有着十分重要的意义。激素分泌的量不足或过剩，都会引起我们身体病变。例如，我们头部有一个内分泌腺——脑垂体。当它活性亢进时，小孩就会发育成巨人；而其活性过低时，小孩就会长成侏儒。在其他动物生命活动中，激素也起着非常大的作用。那么，生物钟是否可以通过某种激素的影响来解释呢？

生物钟的研究，使医务工作者开始注意到，同样的医疗措施得出不同的医疗效果，往往与治疗的时间有一定关系；临床分析得出的结果，也常常与时间因素有关联。栽培学、畜牧学、养蜂学、生理学、生物化学和生物物理学工作者们，也从生物钟的研究中得到启示：在研究某种因素（条件）对生物的影响时，需要十分严肃地对待和对照试验生物的"其余条件相同"这一前提，表面上相同的"其余条件"，实际上可能由于时间不同变成完全不相同。

人工器官的特点

人工器官目前只能模拟被替代器官 1~2 种维持生命所必需的最重要功能，尚不具备原生物器官的一切天赋功用和生命现象，但它拓宽了疾病治疗的途径，增加了病人获救的机会，已经并仍在继续使越来越多的患者受益。中国研制的电子喉公重 20 克，发音清晰，音量可控，且男女声可辨。人造假肢可上举约 22 公斤的重物。使用人工肾业已成为肾衰竭末期病人的常规治疗手段，急性肾衰竭者采用人工肾治疗后死亡率已由 75% 降低到 7% 以下。目前人工肾研制的发展方向是要求其透析性能高，体积小，能佩带甚至能体内植入。埋藏式人工心脏正逐步走向临床试用阶段，1982 年底，美国犹他大学医疗中心的德弗利斯博士为一位 61 岁的退休牙医克拉克安置了世界上第一个永久性人工心脏，使病人活了 112 天。人们目前已经制成的人工器官有心脏、皮肤、骨骼、肾、肝、肺、喉、眼。

未来的研究热点——人脑与人工智能

大脑结构与人工智能

现代神经科学的研究指出，所有行为都是脑功能的某些表现，思维、学习、智力也不例外。因此，研究智能理论与技术必须考察一下脑的结构与功能。

脑位于颅腔内，由延髓、脑桥、中脑、小脑、间脑和大脑六大部分组成。由脊髓开始向上，依次是延髓、脑桥、小脑、中脑、间脑和大脑皮层半球。胼胝体是连接大脑两个半球的神经纤维组织。有时，把延髓、脑桥、中脑三者统称为脑干，它含有丰富的神经核。间脑包含丘脑和下丘脑。丘脑是大脑皮质下高级感觉中枢，来自全身的躯体浅感觉和深感觉都先在丘脑进行处理之后才到大脑皮层。下丘脑是大脑皮质下的重要内脏神经中枢，它在大脑皮质影响下可以对内脏的活动起重要的调节作用，如水平衡、心跳、血压、呼吸、消化、内分泌、糖和脂肪的代谢、体温调节等都可以改变。

大脑由左右大脑半球组成，它笼罩在间脑、中脑和小脑的上面。左右半球之间有大脑纵裂，裂府有连接两半球的横行纤维，称为胼胝体。大脑半球表面凹凸不平，布满深浅不同的沟，沟与沟之间隆起称为大脑回。每个半球以几条主要沟为界分为不同的叶。这些叶在功能上各有分工。

大脑半球表面被覆一层灰质，称为大脑皮质。大脑皮质由无数大小不等的神经细胞（神经元）和神经胶质细胞以及神经纤维构成。皮质的神经元和神经纤维均分层排列，神经元之间形成复杂的神经网络。由于它们联系的广泛性和复杂性，使皮质具有高度分析和综合的能力，构成了思维活动的物质基础。

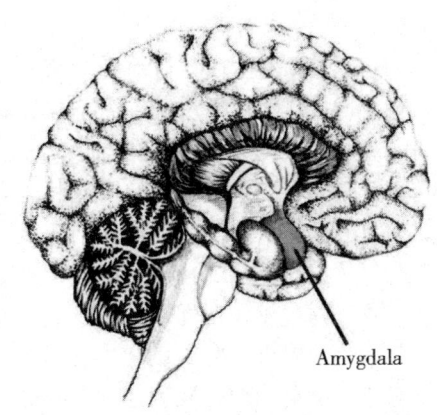

大脑的结构

大脑皮质的组织有两个重要的特点：交叉性和非对称性。交叉性指每个脑半球都处理与它对侧躯体的感觉与运动。从身体左侧进入脊髓的感觉信息在传到大脑皮质之前在脊髓和脑干区交叉到神经系统的右侧，脑半球中的控制区域也交叉控制对侧身体的运动。

非对称性是说两个半球虽然十分相似，但它们的结构并不完全对称，功能上也不完全相同，因为功能是按区定位的。

但功能分区定位并不是机械的一对一关系。许多功能特别是高级思维功能通常都可以分成若干子功能。这些子功能之间不仅存在串序关系，也存在并序关系。因此，对于一定特定功能的神经加工往往是在大脑的许多部位分布式进行的。正因为这个缘故，某一部位的损伤不一定会导致整个功能的完全丧失，或者即使暂时丧失了，也可能逐步得到恢复，这是因为其他组织也可以承担受损伤的那个组织的任务。事实上，皮质的各个部分都有各自的功能，每个定位区内有该功能的中枢对此功能进行整合。从纤维分布的情况可以看出，各部位的功能并不是完全独立地进行的，只是以它为主而已。

人脑的绝对重量为1000～2000克，男子的脑平均重为1375克，女子因一般全重较轻，故脑的平均重量只有1230克。智力发达的人，其脑重不一定较大。相反，有时傻子的脑重量能达到2850克左右，而人的智力将会显著下降。

在脑的研究方面，目前主要侧重于思维和记忆的机制，但由于人脑的复杂性，所以人们只能从具有简单神经系统的昆虫和蠕虫着手。人工智能的任务，就是研究和完善等同或超过人的思维能力的人造思维系统。

从目前研究人工智能的内容和进展情况来看，人工智能的研究工作包括计算机方法和仿生学。计算机方法是利用现有的电子计算机的硬件设备，研究计算机的软件系统，来实现计算机的图像识别、自然语言识别和机器思维等工作。这项工作，可以叫做机器智能，是人工智能的初级阶段。

仿生学对人工智能的研究主要从两方面着手进行：一方面根据生理学、心理学等学科的现有成就，对人脑进行人工模拟，建立人工智能领域的大脑学说，即建立人体神经系统的各种生物模型、数学模型以及电子模型；另一方面，根据以上模型研究、设计和制造具有人体神经系统某些功能的人工智能机。按仿生学的途径来研究人工智能有 2 个特点：①研究生物模型和研制人工智能机的工作相辅相成，互相促进。②电子计算机与人工智能机的交叉和互相渗透，电子计算机是研究人工智能的重要工具。

人工智能这一术语是 1956 年在美国的达特茅斯大学召开的世界第一次人工智能会上由麻省理工学院的 John Mecarthy 提议而使用的。首次分开发表使用的是麻省理工学院的 Marvin Minsky（人称"人工智能之父"）。人工智能这一学科到今已有 40 年的历史，在国际上已确认人工智能是当代高科技的核心之一。

人工智能是一个广义词，各有说法，要对人工智能准确的定义或给出一般性的定义是有困难的，因此可用基本含义描述：人工智能是用机器（计算机）来模仿人类的智能行为，即上面的机器智能。在这个含义中关键是如何理解人类的智能，"智能"一词源自拉丁语 Legere，字面意思是采集、收集和汇集，并由此进行选择。而 Intellegere 意思是从中进行选择，进而理解、领悟和认识。因此人工智能是要让机器进行收集、汇集、选择、理解、领悟和认识。现在人们所指的智能，是指人类在认识和改造客观世界的活动中由思维活动和脑力劳动所体现的能力，即理解和解决问题的能力。由人工智能的基本含义可知，它的研究领域是广泛的，它与其他学科是相互渗透的，属交叉学科，因此边界是模糊的。如在人工智能研究领域中的定理证明与数学、自然语言理解与语言学、认知模型与心理学、推理方法与思维学、机器人与机械学、模式识别与电子学、人工神经网络与生理学等都有交叉。

未来仿生之路

另外,从人工智能学科的发展历史也可知,它所包含的分支内容也在不断变化,既有分出去的,也有新增加的人工智能的核心一直是该学科发展中争论的问题之一,问题争论的基本原因是因为人工智能属交叉性学科,可以从不同学科的角度研究。根据人工智能的含义可以把人类思维活动过程作为研究目标,因此 Newell 以为思维规律是人工智能的研究核心,该观点来自哲学家 Aristotle,他认为在人的思维活动中形式逻辑是一切推理活动的核心,并且 Leibnit 和 Boole 又进一步把形式逻辑符号化和数学化,从而能实现对人的思维进行运算和逻辑演绎推理。因此,早期代表人物是 Newell 和 Simen 等人,他们研究出通用问题求解程序,主要用于数学定理证明。

后来又进一步研究通过计算机来模拟人类思维普遍规律,并认为只需建立一个通用的万能符号逻辑运算体系,就能求得问题的解答。但到今这样的可能符号逻辑体系并没有研究出来,其中存在的问题是没有充分利用定义域内的专门知识,即领域专家的积累经验和启发知识,这也是促进后来研究专家系统的推动力。在这期间,Nilsson 的观点则认为在符号逻辑运算体系中的逻辑演绎方法是人工智能的研究核心。

根据人类思维规律中以形式逻辑为研究核心暴露出来的问题,心理学家则主张直接研究人类在解决问题时的实际思维活动。他们认为人类的智能行为是建立在知识基础上的,即理解和解决问题的过程是依赖于人所具有的知识行事,所谓"知识就是力量"。具有这种观点的代表人物是斯坦福大学的 Feigenbanm,他认为知识是人工智能的研究核心,人类的所有智能活动,即理解和解决问题的能力,甚至学习能力都完全靠知识,并于 1977 年的第五届国际人工智能大会上提出知识工程这一名词,后来知识工程成为人工智能领域卓有成就的分支之一。知识工程的目标是智能信息处理系统,它开创了以知识为基础的专家系统,即具有知识获取、知识表达、知识处理、知识运用的智能信息处理系统,它是以人实施的信息处理为模型来构造的。

以上两种观点都是从人类思维活动的思维学和心理学的特性出发,通过计算机软件进行宏观的智能功能模拟,把客观世界构成形式模型,在人工智能发展史上称为功能派或心理学派。

另有一派是从人脑的生理结构出发,认为大脑是一个智能问题求解系统,应把大脑构成形式模型,研究模拟思维活动的机理结构,即神经细胞、神经网络和脑模型的研究结构系统,因此称它们为结构派或仿生学派。这方面初期研究成果有:神经网络模型,它是通过神经网络的几种基本逻辑元件来组成的；感知机，它是模仿视觉，通过学习功能进行模式识别的脑模型；后来又研究出联想机，它是模仿脑的联想功能（联想记忆、联想识别以及联想推理）。当时由于电子学受其他学科领域技术限制，在20世纪70年代后期研究进展不大。因人脑是由100亿个神经细胞构成的巨大神经网络系统，它是研究智能计算机的重要依据。20世纪80年代中期以来又再度掀起神经网络的研究热潮。

在人工智能研究进程中，不管是哪种观点、哪个派别，都表明人工智能研究是极困难的，因此，还有待研究者们付出巨大的努力。人工智能的研究内容主要分为以下几个方面。

（1）知识获取，研究机器如何从各种知识源获取知识的问题。根据知识源的不同，机器获取知识的途径可有直接或间接两种方式。机器直接获取知识是指机器直接接受客观世界的自然信息，并进行信息处理加工，如机器感知（机器视觉和机器听觉等）。机器视觉是机器能进行文字、图像识别和物景分析，从而获取知识；机器听觉是通过对声音识别和语言识别来获取知识。另外还有通过机器对话（自然语言对话和机器阅读对话）来获取知识，它是在机器视觉和听觉的基础上，再经机器思维和机器行为来构成的，这样获取的知识类型可以扩展，如经验知识等。以上涉及人工智能领域的研究内容是模式识别、自然语言理解等。

机器间接获取知识是指人机交互式的知识传递。根据知识获取自动化程度可划分为人工知识获取、半自动知识获取和自动知识获取3种。

人工知识获取是较常用的方式，它是以通过计算机键盘与计算机进行人机交互式的知识传递。在这种方式下知识获取过程为：求解问题的确定、问题域知识概念化和建立知识基本模型、有效知识表示模式。半自动知识获取是以智能编辑器为知识获取辅助工具，进行人机交互式的知识传递。在人工智能系统开发中，知识获取问题是最困难和最棘手的。

首先要把问题域的各种知识源传递给程序设计员掌握，因此人工智能程序员必须与问题域的专家、工程技术人员、用户之间进行知识信息交换。由于受程序员对问题理解能力因素的限制，特别是领域专家的一些直觉知识很难准确地描述，也有虽然已获得知识，但受人工智能语言限制难以充分表达，因而会影响知识的确定性、有效性，以及会出现知识之间的不一致性等。智能编辑器可免去程序员与具有问题域的知识人员之间的中间知识传递，而由问题域的知识人员直接与机器交互传递知识，自动形成知识库，提高获取知

识的可靠性，减少错误。这类半自动知识获取的学习策略仍需有问题域知识的人来指导学习，故又称指导注入式。

自动知识获取是指人工智能系统在运行过程中，能对处理过的问题实例进行探索、归纳和总结，获取新的经验和知识或启发式知识，发现新知识。其相应学习策略是示例学习、类比学习、发现式学习等，这种学习具有一定的创造性。

上述机器间接知识获取方法在人工智能研究领域的内容为机器学习、专家系统开发工具。

（2）知识表示是研究如何在机器中表示知识的方法学问题。构造任何人工智能系统，在知识获取初级阶段是根据确定的问题域，把有关问题域的各种知识源经各种传递方式汇合给人工智能程序员，然后进入概念化阶段，该阶段要进行的工作有：对求解问题进行子问题分解；研究各问题涉及的定义、概念及相互关系；各知识的层次关系、因果关系；给定的信息和数据内容；专家的经验知识、启发知识和联想知识等。知识表示阶段是在概念化阶段所建立的求解问题基本模型基础上，把所确定的知识假设空间结构和数据特征结构，变换成一定的表示形式，且必须是机器可以接受的表示形式，因此该阶段实际是知识的模型化或形式化阶段。由于不同特性的知识描述，所用的表示模式不同，而且同一个问题亦可用不同的表示方法，但它们在效能上是有差异的，因此要用一定原则专门评估知识形式化工作。在人工智能中知识表示研究也是一个最基本的内容。现已有十几种表示方法，常用的有：产生规则表示法、过程式知识表示法、特征表示法、框架结构表示法、语意网络表示法等。

（3）问题求解即运用存储于机器中的知识形式进行相应知识处理的问题。求解问题的能力是衡量智能的重要尺度。在人工智能中问题求解应与传统程序的问题求解严格分开。传统程序的问题求解是依靠建立数学模型和相应的算法进行；而人工智能中的问题求解是由思维规律和心理学出发建立模型。因此人工智能的问题求解是运用已有知识来推出结论，故推理方式与知识表示形式有密切关系，一般用搜索原理或逻辑演绎原理，在所构造问题域的空间内进行问题求解。搜索原理策略有宽度优先搜索、深度优先搜索、启发式搜索、博弈树搜索等。

逻辑演绎是反复运用归结原理求解。全部知识推理过程是由控制器或推理机来引导实现，其基本控制策略有正向、反向、双向混合推理。问题求解是人工智能研究领域的核心课题之一。有许多分支课题都与它密切相关，如自然语言理解、模式识别、数学定理证明、智能机器人、机器学习、专家系统等都涉及问题求解。

人工智能语言

任何人工智能系统的构成必须有相应的语言。其作用是为了表达人类的思维活动，把问题域经形式化的知识有效地传递给机器，便于对求解问题基本模型的表示。自人工智能发展以来，由于应用领域广泛，对语言的要求也有所不同，目前较广泛应用的是 LISP 和 PROLOG 两种语言。

人工智能的应用研究是指根据人工智能原理构成的智能信息处理系统，或称智能系统，它是专家系统、神经网络、模糊控制三者的总称，是在知识获取和知识表达基础上，通过问题求解策略进行知识信息求得问题的解答，或做出决策，或做出行为反应等。由于人工智能学科本身具有广泛性的特点，因此其应用研究也已深入各个学科和领域，并取得了显著成果。随着学科的发展已形成许多新的重要分支，如专家系统、智能机器人系统、自然语言理解系统、模式识别系统、机器学习系统、智能控制系统等。

人工神经网络

人脑是如何工作的？

人类能否制作模拟人脑的人工神经元？

多少年以来，人们从医学、生物学、生理学、哲学、信息学、计算机科学、认知学、组织协同学等各个角度企图认识并解答上述问题。在寻找上述问题答案的研究过程中，近年来逐渐形成了一个新兴的多学科交叉技术领域，称之为"神经网络"。神经网络的研究涉及众多学科领域，这些领域互相结合、相互渗透并相互推动。不同领域的科学家又从各自学科的兴趣与特色出发，提出不同的问题，从不同的角度进行研究。

心理学家和认知科学家研究神经网络的目的在于探索人脑加工、储存和搜索信息的机制，弄清人脑功能的机理，建立人类认知过程的微结构理论。

生物学、医学、脑科学专家试图通过神经网络的研究推动脑科学向定量、精确和理论化体系发展，同时也寄希望于临床医学的新突破；信息处理和计算机科学家研究这一问题的目的在于寻求新的途径以解决目前不能解决或解决起来有极大困难的大量问题，构造更加逼近人脑功能的新一代计算机。

人工神经网络是由大量的简单基本元件——神经元相互连接而成的自适应非线性动态系统。每个神经元的结构和功能比较简单,但大量神经元组合产生的系统行为却非常复杂。人工神经网络反映了人脑功能的若干基本特性,但并非生物系统的逼真描述,只是某种模仿、简化和抽象。与数字计算机比较,人工神经网络在构成原理和功能特点等方面更加接近人脑,它不是按给定的程序一步一步地执行运算,而是能够自身适应环境、总结规律、完成某种运算、识别或过程控制。

人工神经元的研究起源于脑神经元学说。19 世纪末,在生物、生理学领域,Waldeger 等人创建了神经元学说。人们认识到复杂的神经系统是由数目繁多的神经元组合而成。大脑皮层包括有 100 亿个以上的神经元,每立方毫米约有数万个,它们互相连接形成神经网络,通过感觉器官和神经接受来自身体内外的各种信息,传递至中枢神经系统内,经过对信息的分析和综合,再通过运动神经发出控制信息,以此来实现机体与内外环境的联系,协调全身的各种机能活动。

神经元也和其他类型的细胞一样,包括有细胞膜、细胞质和细胞核。但是神经细胞的形态比较特殊,具有许多突起,因此又分为细胞体、轴突和树突三部分。细胞体内有细胞核,突起的作用是传递信息。树突是作为引入输入信号的突起,而轴突是作为输出端的突起,轴突只有一个。树突是细胞体的延伸部分,它由细胞体发出后逐渐变细,全长各部位都可与其他神经元的轴突末梢相互联系,形成所谓"突触"。在突触处两神经元并未连通,它只是发生信息传递功能的结合部,联系界面之间间隙约为 $(15 \sim 50) \times 10^{-9}$ 米。突触可分为兴奋性与抑制性两种类型,它相应于神经元之间耦合的极性。每个神经元的突触数目正常,最高可达 10^5 个。各神经元之间的连接强度和极性有所不同,并且都可调整。基于这一特性,人脑具有存储信息的功能。利用大量神经元相互连接组成人工神经网络可显示出人的大脑的某些特征。下面通过人工神经网络与通用的计算机工作特点来对比一下。

若从速度的角度出发,人脑神经元之间传递信息的速度要远低于计算机,前者为毫秒量级,而后者的频率往往可达几百兆赫。但是,由于人脑是一个大规模并行与串行组合处理系统,因而,在许多问题上可以作出快速判断、决策和处理,其速度则远高于串行结构的普通计算机。人工神经网络的基本结构模仿人脑,具有并行处理特征,可以大大提高工作速度。

人脑存储信息的特点为利用突触效能的变化来调整存储内容,也即信息存储在神经元之间连接强度的分布上，存储区与计算机区合为一体。虽然人脑每日有大量神经细胞死亡（平均每小时约 1000 个），但不影响大脑的正常思维活动。

普通计算机是具有相互独立的存储器和运算器，知识存储与数据运算互不相关，只有通过人编出的程序使之沟通，这种沟通不能超越程序编制者的预想。元器件的局部损坏及程序中的微小错误都可能引起严重的失常。

人类大脑有很强的自适应与自组织特性，后天的学习与训练可以开发许多各具特色的活动功能。如盲人的听觉和触觉非常灵敏；聋哑人善于运用手势；训练有素的运动员可以表现出非凡的运动技巧等等。

普通计算机的功能取决于程序中给出的知识和能力。显然，对于智能活动要通过总结编制程序将十分困难。人工神经网络也具有初步的自适应与自组织能力。在学习或训练过程中改变突触权重值，以适应周围环境的要求。同一网络因学习方式及内容不同可具有不同的功能。人工神经网络是一个具有学习能力的系统，可以发展知识，以致超过设计者原有的知识水平。通常，它的学习训练方式可分为 2 种，一种是有监督或称有导师的学习，这时利用给定的样本标准进行分类或模仿；另一种是无监督学习或称无为导师学习，这时，只规定学习方式或某些规则，则具体的学习内容随系统所处环境（即输入信号情况）而异，系统可以自动发现环境特征和规律性，具有更近似人脑的功能。

人工神经网络早期的研究工作应追溯至 20 世纪 40 年代。下面以时间顺序，以著名的人物或某一方面突出的研究成果为线索，简要介绍人工神经网络的发展历史。

1943 年，心理学家 W. Mcculloch 和数理逻辑学家 W. Pitts 在分析、总结神经元基本特性的基础上首先提出神经元的数学模型。此模型沿用至今，并且直接影响着这一领域研究的进展。因而，他们俩人可称为人工神经网络研究的先驱。

1945 年冯·诺依曼领导的设计小组试制成功存储程序式电子计算机，标志着电子计算机时代的开始。1948 年，他在研究工作中比较了人脑结构与存储程序式计算机的根本区别，提出了以简单神经元构成的再生自动机网络结构。但是，由于指令存储式计算机技术的发展非常迅速，迫使他放弃了神经网络研究的新途径，继续投身于指令存储式计算机技术的研究，并在此领域作出了巨大贡献。虽然，冯·诺依曼的名字是与普通计算机联系在一起的，

未来仿生之路

但他也是人工神经网络研究的先驱之一。

20世纪50年代末,F. Rosenblatt设计制作了"感知机",它是一种多层的神经网络。这项工作首次把人工神经网络的研究从理论探讨付诸工程实践。当时,世界上许多实验室仿效制作感知机,分别应用于文字识别、声音识别、声呐信号识别以及学习记忆问题的研究。

然而,这次人工神经网络的研究高潮未能持续很久,许多人陆续放弃了这方面的研究工作,这是因为当时数字计算机的发展处于全盛时期,许多人误以为数字计算机可以解决人工智能、模式识别、专家系统等方面的一切问题,使感知机的工作得不到重视;其次,当时的电子技术工艺水平比较落后,主要的元件是电子管或晶体管,利用它们制作的神经网络体积庞大、价格昂贵,要制作在规模上与真实的神经网络相似是完全不可能的;另外,在1968年一本名为《感知机》的著作中指出线性感知机功能是有限的,它不能解决如异感这样的基本问题,而且多层网络还不能找到有效的计算方法,这些论点促使大批研究人员对于人工神经网络的前景失去信心。20世纪60年代末期,人工神经网络的研究进入了低潮。

另外,在20世纪60年代初期,Widrow提出了自适应线性元件网络,这是一种连续取值的线性加权求和阈值网络。后来,在此基础上发展了非线性多层自适应网络。当时,这些工作虽未标出神经网络的名称,而实际上就是一种人工神经网络模型。

随着人们对感知机兴趣的衰退,神经网络的研究沉寂了相当长的时间。20世纪80年代初期,模拟与数字混合的超大规模集成电路制作技术提高到新的水平,完全付诸实用化,此外,数字计算机的发展在若干应用领域遇到困难。这一背景预示,向人工神经网络寻求出路的时机已经成熟。美国的物理学家Hopfield于1982年和1984年在美国科学院院刊上发表了两篇关于人工神经网络研究的论文,引起了巨大的反响。人们重新认识到神经网络的威力以及付诸应用的现实性。随即,一大批学者和研究人员围绕着Hopfield提出的方法展开了进一步的工作,形成了20世纪80年代中期以来人工神经网络的研究热潮。

神经网络的研究内容相当广泛,反映了多学科交叉技术的特点。目前,主要的研究工作集中在以下几个方面:

(1)生物原型研究。从生理学、心理学、解剖学、脑科学、病理学等生物科学方面研究神经细胞、神经网络、神经系统的生物原型结构及其功能机理。

（2）建立理论模型。根据生物原型的研究，建立神经元、神经网络的理论模型。其中包括概念模型、知识模型、物理化学模型、数学模型等。

（3）网络模型与算法研究。在理论模型研究的基础上构作具体的神经网络模型，以实现计算机模拟或准备制作硬件，包括网络学习算法的研究。这方面的工作也称为技术模型研究。

（4）人工神经网络应用系统。在网络模型与算法研究的基础上，利用人工神经网络组成实际的应用系统，例如，完成某种信号处理或模式识别的功能、构作专家系统、制成机器人等等。

纵观当代新兴科学技术的发展历史，人类在征服宇宙空间、基本粒子、生命起源等科学技术领域的进程中历经了崎岖不平的道路。我们也会看到，探索人脑功能和神经网络的研究将伴随着重重困难的克服而日新月异。

人脑与智慧机器人

俗称人体司令部的大脑，是世界上最复杂、最奥妙、最完善的"自动控制机"。机器、设备可以代替人的体力劳动；拖拉机可以代替农民耕地，起重机可以代替工人进行装卸……人们当然也会提出：是否可以用一种"智慧"的机器来代替人脑工作呢？

今天，由于近代数理逻辑、控制论、无线电电子学、生物学的飞跃发展，利用机器来代替人的脑力劳动这一远大理想，已逐渐变成现实。要模拟人脑创造出具有一定思考能力的电子计算机，首先就得模仿神经元创造出电子计算机的"基本元件"。目前，有些国家的科学工作者都在致力于这个课题的研究，并且也取得了一定的进展。他们已经制成了一些神经细胞的模型，其中最简单的一种是用半导体三极管装配起来的；也有由复杂集成电路组成的元件，它们具有活细胞的某些能力，能显示出活细胞的某些特性，例如对有关外界刺激的适应性等。

有了人造"神经元"之后，第二步就得深入研究神经细胞之间的微妙联系，探索神经网状结构的综合本领，以及认识、记忆、推理、判断等种种意识活动的细节。不难想象研究活的大脑内部发出的种种物理、化学、生物学过程，直到能用科学来精确地表达它们是多么困难！但是，这项研究工作也取得了一定的进展。

现在，用于生产控制的电子计算机，能够接收、研究和判断外界生产条

未来仿生之路

件,做出适宜的选择后发出信号,控制生产在最好的条件下进行。电子计算机是现代科学技术的奇迹之一。电子计算机和以前所有的机器都不同:一般的机器,不论威力多么大,不论多么精巧,从本质上来说,仅能代替体力劳动;而电子计算机却能在一定程度上代替人脑进行非创造性的脑力劳动。目前,不仅有精通快速运算的会解答各种数学问题的电子计算机,而且也出现了具有初步判断、比较、记忆和"思考"能力的各种电子计算机。所以,有时人们又管它们叫做"电脑"。

破解生命的密码

俗话说:"庄稼一枝花,全靠肥当家。"在肥料中,氮肥又是最重要的一种。各种庄稼在生长过程中都需要大量的氮肥。可偏偏大豆、花生等豆科作物却可以少施氮肥,甚至不施氮肥,也会长得很好。这是为什么呢?原来每棵豆科作物自己都有许多"小化肥厂"。这些"小化肥厂"就是生长在它们根部的大批根瘤菌。根瘤菌有个特殊的本领——固氮。它们能够把空气中的氮气收集起来,制造成氨,不断地供给豆科作物使用。

除了豆科作物,其他农作物像小麦、水稻、玉米、高粱等,都没有这样的"小化肥厂",要想获得高产,就要施大量的氮肥。有没有一种办法,让这些禾本科的作物自己制造氮肥,自给自足?在出现了"遗传工程"这门新科学以后,这种幻想才有了实现的可能。

什么是遗传工程

"遗传",说的是生物方面的事儿;"工程",说的是建筑方面的事儿。"遗传"和"工程"怎么连在一起呢?难道人们可以像设计新的建筑物那样,来设计新的生物吗?

不错,正是这样。遗传工程这门新科学,要干的就是这件事。大家都知道,各种生物都跟它们的上一代基本相同,也能生出和它们基本相同的下一代来。这种现象叫做遗传。但是,下一代跟上一代又不可能完全相同,总会发生一些极细微的差异。这种现象叫做变异。那么,遗传和变异是由什么决定的呢?经过科学分析,现在已经断定,这种物质就是核酸。核酸主要集中在每个细胞核里。生物的下一代接受了上一代的核酸,这些核酸对它们的生长和发育起着决定性的作用。所以只要深入研究核酸的化学结构，就可以揭开遗传和变异的奥秘。

核酸是一种非常复杂的化合物，它有2种：一种是脱氧核糖核酸，通常用DNA代表；另一种是核糖核酸，通常用RNA代表。我们就以脱氧核糖核酸来说吧，它是一种高分子长链多聚物，一个分子是由几十个到几十亿个以上的核苷酸组成的。核苷酸又可以分成4种类型。

这4种类型的核苷酸的排列次序不同，就决定了各种生物的遗传性。核苷酸好比电报字码，电报字码虽然不多，编排顺序却可以千变万化，每一组不同的字码编排代表一个中文意思。同样的道理，核苷酸虽然只有4种类型，成千上万个核苷酸编排顺序的不同，就成了不同的遗传基因。正因为核苷酸的编排顺序类似电报密码，人们就把它称作"遗传密码"。生物就靠脱氧核糖核酸分子长链上的各种不同的"遗传密码"，保证遗传性状一代一代传递下去。如果"遗传密码"出了一点错误或遗漏，必然会影响下一代的生长发育而发生变异。

既然遗传基因就在脱氧核糖核酸分子长链上，那么，人们如果识别了这些密码，能不能通过增添或除去一些基因，有目的地改造生物呢？遗传工程就是根据这种设想产生的。它用类似工程设计的办法，先对生物进行设计，把一种生物体内的脱氧核糖核酸分子分离出来，经过人工"剪切"，重新组合，再安到另一种生物的细胞里，使这种生物具有某些新的结构和功能。

给细菌做手术

把这种设想变成现实，当然不是一件容易的事情。现在许多国家的科学家都在研究这项技术，并且已经摸出了一些门道。举个例子来说，我们想使某种细菌能像蚕一样合成丝蛋白，产生出蚕丝来，就可以把蚕的脱氧核糖核酸的分子分离出来，"剪切"下来制造丝蛋白的"基因"。再从细菌的细胞里提取出一种叫"质粒"的脱氧核糖核酸分子，把它和"剪切"下来的基因接在一起，再送回到细菌的细胞里去。

这个办法说起来简单，可是要做到这一点起码要有两种酶。因为脱氧核糖核酸的分子非常小，要用电子显微镜才看得见，要把它链卜的制造丝蛋白的"基因""剪切"下来，当然不能用普通的剪刀，而要用一种"限制性核酸内切酶"。这是一种蛋白质，它有个特殊的本领，能识别脱氧核糖核酸分子上特定的位点，把它分成长短不一的片断。有时候恰到好处，剪下来的是整

个基因,有时候也会把基因剪坏。那也不要紧,因为到目前为止,已经发现了上百种限制性核酸内切酶,等于有了上百种各种各样的剪刀,总能挑选到一种合适的不会把基因剪坏的"剪刀"。细菌细胞内的一种叫做"质粒"的脱氧核糖核酸分子,也要用同样的"剪刀"来剪,这样才能使两个"切口"正好互相吻合。为了使它们连接得更加牢靠,还要用另一种酶,叫做连接酶,把接缝抹掉。

经过了这样一套手术,细菌将会像蚕那样合成丝蛋白,有了生产丝的本领。到现在为止,这个办法还处在试验阶段,没有实际应用。但是我们相信,沿着这条道路走下去,将来总有一天,可以把动植物的遗传基因移植到细菌里去,或是把细菌的遗传基因搬到动植物细胞中来。这样,人们就有可能创造出许多新品种的生物。到了那个时候,遗传工程这套新技术,就会广泛地应用到农业、工业、医学和国防上去,使这些领域发生惊人的变化。

人工创造生物新品种

人家知道,培育优良品种是提高粮食产量和质量的重要途径。目前最有效的育种方法是有性杂交。但是,这种方法只能在同种生物之间或者亲缘关系很近的生物之间才能进行,亲缘关系远的生物,如禾本科作物小麦和豆科作物大豆就不能杂交,因为它们的生殖细胞不能结合。

"遗传工程"不受这个限制。目前科学家们想把豆科作物的根瘤菌里能固氮的基因取出来,移植到生活在小麦、水稻、玉米这些庄稼根旁边的细菌里去,使这些细菌也有固氮的本领。这种本领能一代一代传下去,不断地供给植物氮肥。

科学家们还准备采取另外一种办法,干脆不用细菌帮忙,直接把根瘤菌的固氮基因移植到小麦、水稻、玉米这些庄稼的细胞里去,使它们自己就能固氮。如果这个办法成功了,就等于给每棵庄稼办了一个"小化肥厂"。现在我国农村每个生产队每年都要买化肥,将来这一大笔钱就可以省下来了。

让细菌给我们制药

遗传工程在工业生产上,也将产生很大的影响。我们也来举一个例子:治疗糖尿病的特效药胰岛素,目前是从猪、牛等牲畜的胰腺中提取出来的。一吨胰腺只能生产半两多一点的胰岛素,远远跟不上糖尿病病人的需要。如果我们把胰腺细胞里产生胰岛素的基因移植到大肠杆菌里去,就能使大肠杆菌产生胰岛素。

大肠杆菌的繁殖比高等生物快得多，在合适的条件下，繁殖一代只要25分钟，最多也超不过2小时。这项试验一旦成功，胰岛素的产量就可以大大增加，成本也可以大大降低。

治疗遗传疾病

遗传工程还能帮助人治疗遗传性疾病。有的人成了天生的白痴，同由于他们身体的细胞里缺少了一种"半乳糖酶"。医生为了治这种病，就可以把细菌产生半乳糖酶的"基因"提取出来，移植到病人身体的细胞里去，使病人自己能产生半乳糖酶，这就有可能把白痴治好。这种应用遗传工程的医治办法叫做基因治疗。

据统计，人类的遗传疾病有一两千种之多，目前大多是不治之症。随着遗传工程的发展，将来有可能成为可治之症。这是多么令人高兴的事情啊！遗传工程是一门新兴的科学，这几年发展很快，许多国家都在研究。但是国外也有些人反对搞遗传工程。他们害怕产生出容易引起癌症的病毒或细菌，使癌症广泛流行；害怕产生出耐抗生素的新菌种，给治病造成困难；还害怕扰乱和破坏了正常细胞的功能，造成奇怪的疾病……在美国，这个问题曾引起了科学界激烈的争论，还规定了一些安全措施。对遗传工程的种种顾虑，都是根据现有的知识推测出来的，是不是真的那么危险，还要通过实验来确定。我们开展这项研究工作，当然要认真对待，采取必要的安全措施，但是害怕是完全不必要的。

遗传病

遗传病，是指遗传物质发生改变或者由致病基因所控制的疾病，通常具有垂直传递和终身性的特征。因此，遗传病具有由亲代向后代传递的特点。这种传递不仅是指疾病的传递，最根本的是指致病基因的传递。所以，遗传病的发病表现出一定的家族性。父母的生殖细胞（精子和卵细胞）里携带的致病基因，通过生殖传给子女并引起发病，而且这些子女结婚后还可能把致病基因传给下一代。

未来仿生之路

开发人类的潜能

我们人类自身也和其他动物一样,在生命的整个过程都产生热能,这就给科学家开辟了一种尚待开发的新能源——人体能。

经精确测算:一个人在一昼夜浪费的能量,如转化为热能,可以把等于他体重那么多的水由0℃加热到50℃。一个人在一生中有1/3以上的能量浪费了。如果将世界上5亿人的这些能量加起来,相当于10座核电站发出来的电力,为此,科学家积极设法利用人体能。

最近,美国的一家电信电话公司设计、建造了一座新颖的办公大楼。它利用在大楼里工作的3000多职工散发的热能,收集转换为电能,用来照明、打字,甚至还用来调节室内的温度,使之保持在18℃~29℃。美国桑托斯的超级市场的出入口,装有转动门,地下室有一套能量收集器、转换器等装置。顾客在进出时推动转门的能量即被收集起来。由于每天顾客很多,每年可以为该公司提供很大的一部分电力。

现在,已有人研制出一种温差电池,可以把人的体热转变成电能,供随身携带的收录机或微型电视机、收发报机和助听器使用,这些小型电子装置不要附加电源,全由使用人自身的热能供给,因此携带十分方便,可以设想,它的使用前景该何其远大!

人体生热过程

机体的总产热量主要包括基础代谢、食物特殊动力作用和肌肉活动所产生的热量。基础代谢是机体产热的基础。基础代谢高产热量多;基础代谢低,产热量少。正常成年男子的基础代谢率约为$170kJ/m^2 \cdot h$。成年女子约$155kJ/m^2 \cdot h$在安静状态下,机体产热量一般比基础代谢率增高25%,这是由于维持姿势时肌肉收缩所造成的。食物特殊动力作用可使机体进食后额外产生热量。骨骼肌的产热量则变化很大,在安静时产热量很小。运动时则产热量很大;轻度运动如平行时,其产热量可比安静时增加3-5倍,剧烈运动时,可增加10-20倍。